U0157120

电力电子技术

陈欣欣　刘德涛　李　娜 ◎著

吉林科学技术出版社

图书在版编目（CIP）数据

电力电子技术 / 陈欣欣，刘德涛，李娜著. -- 长春：
吉林科学技术出版社，2022.9
　ISBN 978-7-5578-9611-9

　Ⅰ．①电… Ⅱ．①陈… ②刘… ③李… Ⅲ．①电力电
子技术 Ⅳ．①TM76

　中国版本图书馆 CIP 数据核字(2022)第 179540 号

电力电子技术

著	陈欣欣　刘德涛　李　娜	
出 版 人	宛　霞	
责任编辑	郝沛龙	
封面设计	金熙腾达	
制　　版	金熙腾达	
幅面尺寸	185mm×260mm	
开　　本	16	
字　　数	238 千字	
印　　张	10.5	
印　　数	1—1500 册	
版　　次	2022 年 9 月第 1 版	
印　　次	2023 年 3 月第 1 次印刷	

出　　版	吉林科学技术出版社
发　　行	吉林科学技术出版社
地　　址	长春市净月区福祉大路 5788 号
邮　　编	130118

发行部电话/传真　0431-81629529　81629530　81629531
　　　　　　　　　　81629532　81629533　81629534

储运部电话　0431-86059116

编辑部电话　0431-81629518

印　　刷　三河市嵩川印刷有限公司

书　　号	ISBN 978-7-5578-9611-9
定　　价	65.00 元

版权所有　翻印必究　举报电话：0431-81629508

前　言

在新经济背景下，电力行业新技术、新业态不断涌现，新能源开发利用规模逐年扩大，电力电子技术发展迅速，应用范围不断拓宽。现代社会几乎所有领域都需要利用电力电子技术对电能进行处理，工业生产、交通运输、电力系统、新能源利用及家用产品等领域中电力电子技术已成为重要的支撑技术，未来将会有更多的电能通过电力电子技术处理后再加以利用。

电力电子技术是一门新兴的应用于电力领域的电子技术，就是使用电力电子器件（如晶闸管、GTO、IGBT 等）对电能进行变换和控制的技术。电力电子技术所变换的"电力"功率可大到数百至上千兆瓦，也可以小到 1 瓦以下。与以信息处理为主的信息电子技术不同，电力电子技术主要用于电力变换。电力电子技术近年来更是取得了突飞猛进的发展，已经形成十分完整的科学体系和理论。随着工业的高度自动化，计算技术、电力技术以及自动控制技术将会成为三种最重要的技术。

本书主要讲述电力电子器件、电力电子电路及变流技术的基本理论、基本概念、基本分析方法及应用实例。全书共分八章：第一章为电力电子技术概述，主要介绍电力电子技术的基本概念、能量变换和主要应用领域。第二章介绍基本电力电子器件。第三至七章分别介绍整流电路、逆变电路以及直流斩波电路。第八章介绍电力电子技术在电力系统、新能源领域等技术中的实际应用。

本书从电力与电子技术的发展历史与演变轨迹、电力与电子技术特点以及电力与电子技术实际应用问题与发展趋势三方面带读者了解这门应用广泛的新兴科技，亦可作为从事本专业工作的工程技术人员的参考书。

近年来，电力电子技术的发展日新月异，作者学识有限，很难把所有的新技术都全面完整地反映出来，遗漏和错误在所难免，殷切期望读者批评指正。

作者

2022 年 6 月

目　录

第一章　电力电子技术概述

第一节　电力电子技术的概念与发展历程

一、电力电子技术的概念

电力电子技术（Power Electronics）出现于20世纪60年代，又名电力电子学、功率电子学。电力电子学是由电子学（器件、电路）、电力学（静止变换器、旋转电机）、控制理论（连续、离散）三个学科交叉形成的。现已与模拟电子学、数字电子学并列成为三大电子学。

目前国际上出现了电力电子技术的新定义，新的定义几乎覆盖了所有电工及电气学科，体现了电力电子技术是一门多学科相互渗透的综合性技术学科。两种定义的差别反映了电力电子技术的迅速发展以及应用领域的不断扩大，预示着广阔的发展前景和未来。

国际电气与电子工程师协会（IEEE）对电力电子技术的定义为："有效地使用电力半导体器件，应用电路和设计理论以及分析开发工具，实现对电能的高效能变换和控制的一门技术，它包括电压、电流和频率、波形等方面的变换。"

具体地说，电力电子技术就是使用电力电子器件对电能进行变换和控制的技术，包括电能变换、电力电子器件、电力电子主电路、驱动与保护电路、电力电子的特殊应用等。

电子技术包括信息电子技术和电力电子技术两大分支。信息电子技术包含模拟电子技术和数字电子技术。目前所用的电力电子器件一般采用半导体制成，故称为电力半导体器件。在电力电子技术中应用的电路叫作电力电子电路；在信息电子技术中应用的电路叫作信息电子电路。二者都是对控制对象进行传输和控制。电力电子技术所变换的"电力"的功率可以大到数百兆瓦，甚至更大；也可以小至数瓦，甚至是毫瓦级，所以不能单靠变换的功率的大小来区分电力电子技术和信息电子技术。信息电子技术主要用于信息处理，而电力电子技术主要用于电力变换，这是二者本质上的不同；另外，由于信息电子技术传输的对象主要是信息，其对信息电子电路的损耗要求并不严格，如信息电子技术中三极管的放大区的功耗远远大于截止区和饱和区的功耗，所以其电路的功耗一般较大；而电力电子技术中传输的对象是电能，其对电力电子电路的电能损耗方面要求严格，电力半导体器件一般应用在饱和区和截止区，所以电力电子电路的电能损耗较小，这也是区别二者的另一因素。

通常所用的电力有交流和直流两种。从公用电网上直接得到的电力是交流电，从蓄电池和干电池中得到的电力是直流电。从这些电源得到的电力往往不能直接满足要求，需要进行电力变换。电力变换通常可分为四大类，即交流变直流（AC-DC）、直流变交流（DC-AC）、直流变直流（DC-DC）和交流变交流（AC-AC）。交流变直流称为整流，直流变交流称为逆变，直流变直流称为直流斩波，交流变交流称为交流调压变频，当然还包括相数（单相、三相或更多相）之间的变换。进行上述电力变换的技术也称为变流技术。在某些变流装置中，可能同时包含两种以上的变换过程。

（一）AC-DC 变换

把交流电能变换成直流电能的变换称为 AC-DC 变换，即整流，如可控整流。典型的 AC-DC 变换是利用晶闸管和相控技术依靠电源电压的正负交变进行换流的。目前工业中应用的大多数变流装置都属于这类整流装置。其特点是控制简单，运行可靠，适宜大功率应用。

（二）DC-AC 变换

把直流电能变换成频率固定或可调的交流电能的变换称为逆变。按电源性质可分为电压型和电流型两种；按控制方式可分为六拍（六阶梯）方波逆变器、PWM 逆变器和谐振直流开关（软开关）逆变器；按换流性质可分为依靠电源换流的有源逆变和全控型器件构成的无源逆变。逆变装置主要用于机车牵引、电动车辆、交流电机调速、不间断电源和感应加热等。

（三）DC-DC 变换

把幅值固定或变化的直流电变换成可调或恒定的直流电称为 DC-DC 变换。按输出电压与输入电压的相对关系可分为降压式、升压式和升降压式。DC-DC 变换器被广泛地应用于计算机电源、各类仪器仪表、直流电机调速和金属焊接等。谐振型 DC-DC 变换器可减小变换器体积、质量，并提高可靠性。这种变换器有效地解决了开关损耗和电磁干扰问题，是 DC-DC 变换的主要发展方向。

（四）AC-AC 变换

把电压幅值、频率固定或变化的交流电变换成电压幅值、频率可调或固定的交流电，还包括变换前后相数的变化，即为 AC-AC 变换，通常有交-交变频器和交流调压器。

变流技术是一种电力变换的技术，相对于电力电子器件制造技术而言，是一种电力电子器件的应用技术，它的理论基础是电路理论。变流技术主要包括：由电力电子器件构成各种电力变换的主电路、对主电路进行控制的技术，以及用这些技术构成电力电子装置和电力电子系统的技术。通常所说的"变流"就是指上述四种变换方式。例如，我们常见的充电器就使用了交流电变直流电的变流技术。

目前，电力电子技术方面包含"电力电子学"和"电力电子技术"两大类，那么"电力电子学"和"电力电子技术"的区别有哪些呢？"电力电子学"和"电力电子技术"是分别从学术和工程技术两个不同的角度来称呼的，其实际内容并没有很大区别。

二、电力电子技术的发展史

电力电子技术的发展与电力电子器件的发展密不可分。电力电子技术的发展依赖电力电子器件的发展，正如晶闸管的出现产生了电力电子技术。随着电力电子器件由半控型器件发展到全控型器件，电力电子技术也有了巨大进步，所以大部分关于电力电子技术的书中介绍电力电子技术的发展都是围绕着电力电子器件的发展展开的。下面首先介绍电力电子器件的发展史。

大多数电力电子技术书籍中均以 1957 年第一只晶闸管的出现作为电力电子技术诞生的标志。在晶闸管出现以前，用于电力变换的装置是什么样的呢？最早的电力变换是通过电动机 - 发电机组进行转换的，即变流机组，也被称为旋转变流机组。我们现在使用的变流器以前被称为静止变流器，是与旋转变流机组的称谓相对应的。

1904 年第一只电子管出现，它能在真空中对电子流进行控制，打开了电子技术应用于电力领域的大门。20 世纪 30 年代出现了水银整流器（Mercury Rectifier），其结构是一个密封的铁罐，底部盛着水银，就是阴极，顶部引出阳极，在阳极和阴极之间（接近水银）引出栅极，也叫引弧极，阳极和栅极都经玻璃绝缘子引出。它的工作情况和晶闸管非常相似，是在阳极加有正电压时，由栅极触发，触发后，栅极至阴极形成一小电弧，小电弧在阴极面形成弧斑，弧斑具有极强的发射电子的能力，促使阳极至阴极导通，电流过零时熄灭。其缺点是栅极触发功率较大，有上百瓦，电压也要 200 ~ 300 V，水银整流器的阳极和阴极间有数十伏的电弧压降，其必须工作在较高的电压下才能获得较高的运行效率，所以采用水银整流器的整流装置规定取 825 V 直流工作电压，这使它的应用灵活性受到限制。20 世纪 50 年代水银整流器达到鼎盛时期，其应用遍及电解冶炼和电化学工业、电力机车牵引、城市无轨电车的整流站等领域。

1947 年，美国著名的贝尔实验室发明了晶体管，引发了电子技术的一场革命。20 世纪 50 年代初期，硅二极管获得了应用。硅二极管是最早用于电力领域的半导体器件。

1956 年美国贝尔公司发明了 PNPN 可触发晶体管，1957 年通用电器（CE）进行了商业化开发，并命名为晶体闸流管，简称为晶闸管（Thyristor）或可控硅（SCR）。晶闸管出现后，其优越的电气性能和控制性能，使其很快就取代了旋转变流机组和水银整流器，并且其应用范围迅速扩大。

晶闸管通过门极的控制能够使其导通而不能使其关断，故称其为半控型器件。对晶闸管电路的控制方式主要是相位控制方式，简称相控方式。晶闸管的关断通常依靠电网电压或关断电路等外部条件来实现，同时晶闸管的开关频率较低（早期晶闸管的开关频率在 1kHz 以内），这就使得晶闸管的应用受到了很大的限制。

20 世纪 70 年代后期，以门极可关断晶闸管（GTO）、电力晶体管（GTR）和电力场效应晶体管（电力 MOSFET）为代表的全控型器件迅速发展。全控型器件是通过对门极（也称基极或栅极）的控制既可使其开通又可使其关断的器件。全控型器件的开关频率普遍高于晶闸管，可用于开关频率较高的电路。这期间脉冲宽度调制（PWM）技术得到了迅速发展。PWM 技术在电力电子变流技术中占有十分重要的地位，它在直流斩波、整流、交流 - 交流控制特别是逆变等电力电子电路中均有应用。它使电力电子变流电路中的动、静态输出特性大为改善，对电力电子技术的发展产生了深远的影响。

在 20 世纪 80 年代后期，出现了结合 MOSFET 和 GTR 的复合型器件，即绝缘栅双极型晶体管（IGBT）。它把 MOSFET 的驱动功率小、开关速度快的优点和 BJT 的通态压降小、载流能力大、可承受电压高的优点集于一身，性能十分优越，使之成为现代电力电子技术的主导器件。与 ICBT 相对应，MOS 控制晶闸管（MCT）和集成门极换流晶闸管（ICCT）复合了 MOSFET 和 CTO，它们综合了这两种器件的优点，但由于其受到生产工艺高及生产厂家数量过少等限制，一直没有被普遍应用。目前随着 IGBT 生产工艺的进步，在中小功率的市场中 IGBT 已占据主导地位，并有往中大功率市场拓展的趋势。

为了使电力电子装置结构紧凑、体积减小，常常把若干个电力电子器件及必要的辅助元件做成模块的形式，这给应用带来了很大的方便。后来又把驱动、控制、保护电路和电力电子器件集成在一起，构成电力电子集成电路（PIC）、智能功率模块（IPM）。目前电力电子集成电路的功率都还较小，电压也较低，它面临着电压隔离（主电路为高压，而控制电路为低压）、热隔离（主电路发热严重）、电磁干扰（开关器件通断高压大电流，它和控制电路处于同一芯片）等几大难题，但这代表了电力电子技术发展的一个重要方向。目前世界上许多大公司已开发出 IPM 智能化功率模块，除了集成功率器件和驱动电路以外，还集成了过压、过流和过热等故障检测电路，并可将检测信号传送至模块外，通过对该信号的检测和处理以保证 IPM 自身不受损害。

现在电力电子器件的研究和开发已进入大功率化、高频化、标准模块化、集成化和智能化时代。由于加工工艺的不断进步，各类电力电子器件的容量日益增大。电力电子器件的高频化是今后电力电子技术创新的主导方向，而硬件结构的标准模块化是器件发展的必然趋势。目前先进的模块，已经包括开关元件和与其反向并联的续流二极管，以及驱动保护电路等多个单元，都已标准化生产出系列产品，并且可以在一致性与可靠性上达到极高的水平。

近年来，宽禁带半导体材料的电力电子器件得到了很大发展，将成为未来电力电子器件的主力。理论和多年的研发实践都已证明，碳化硅、氮化镓和金刚石等宽禁带半导体比硅更适合用来制造电力电子器件。随着材料与器件工艺以及封装技术的逐渐完善，这些器件表现出比一般电力电子器件好得多的高阻断电压、低通态电阻和低开关损耗以及耐高温抗辐射等特点，目前碳化硅电力二极管已获得很好的应用。使用宽禁带器件的装置因为散热条件的简化和无源元件的缩小而具有更大的功率密度。

要发展和创新我国电力电子技术，并形成产业化规模，就必须走产、学、研创新之路，即牢牢坚持和掌握产、学、研相结合的方法，走共同发展之路。从跟踪国外先进技术，逐步走上自主创新；从交叉学科的相互渗透中创新，从器件开发选择及电路结构变换上创新，这对电力技术创新是尤其实用的；也要从器件制造工艺技术引导创新，从新材料科学的应用上创新，以此推动电力电子器件制造工艺的技术创新，提高器件的可靠性，由此形成基础积累型的创新之路；并要把技术创新与产品应用及市场推广有机结合，加快科技创新自我强化的循环，促进和带动技术创新，以使我国电力电子技术及器件制造工艺水平得以长足发展，并形成一个全新的产业，转化为巨大的生产力，推动我国工业领域由粗放型经营走向集约型经营，促进国民经济高速、高效、可持续发展。

第二节　电力电子技术的应用与发展前景

一、电力电子技术的应用

电力电子技术的特点之一是开关控制，通态压降很小，本身的损耗很低。近年来单片机、ARM、DSP、FPGA 等控制芯片的运算速度和运算精度的不断提高，为电力电子设备采用现代智能控制算法提供了基础，PWM 技术、软开关技术的引入在降低电力电子设备自身损耗的同时提高了电力电子设备的输出效率，具有明显的节能效果。在能源紧张的今天，节能将是长期受关注的话题。

近年来，电力电子技术得到了迅猛发展，经过变流技术处理的电能在整个国民经济的耗电量中所占比重越来越大，已成为其他工业技术发展的重要基础。它不仅用于一般工业，也广泛用于交通运输、电力系统、通信系统、计算机系统、新能源系统等，在照明、空调等家用电器及其他领域中也有着广泛的应用。下面举例概括说明。

（一）传统电力电子技术的应用

I. 在工业和民用电源系统中的应用

工业中大量应用各种交、直流电动机，为其供电的可控整流电源或直流斩波电源都是电力电子装置，其精确调速用的驱动器也是采用电力电子技术。各种轧钢机、数控机床的伺服电动机，以及矿山牵引等场合都广泛采用电力电子交流调速技术。一些对调速性能要求不高的大型鼓风机等设备近年来也采用了变频技术，以达到节能的目的。还有些并不特别要求调速的电动机，为了避免启动时的电流冲击而采用了软启动装置，这种软启动装置也是电力电子装置。

耗电最多的是电解铝和烧碱工业，电化学工业大量使用直流电源，电解铝、电解食盐水等都需要大容量整流电源，电镀装置也需要整流电源。

电力电子技术还大量用于冶金工业中的高频或中频感应加热电源、淬火电源及直流电弧炉电源等场合。

2. 电力电子技术在电力系统中的应用

在长距离、大容量输电方面直流输电有很大的优势，其送电端的整流阀和受电端的逆变阀一般采用晶闸管变流装置，而轻型直流输电则主要采用全控型的 IGBT 器件。

无功补偿和谐波抑制（VAR）对电力系统具有重要的意义。晶闸管控制电抗器（TCR）、晶闸管投切电容器（TSC）都是重要的无功补偿装置。近年来出现的静止无功发生器（SVG）、有源电力滤波器（APF）等新型电力电子装置具有较好的无功功率和谐波补偿的性能。在配电网系统中，电力电子装置还可用于防止电网瞬时停电、瞬时电压跌落、闪变等故障，以进行电能质量控制，改善供电质量。

3. 交通运输

电气化铁道中广泛采用电力电子技术。电气机车中的直流机车采用整流装置，交流机车采用变频装置。直流斩波器也广泛用于铁道车辆。在磁悬浮列车中，电力电子技术更是一项关键技术。除牵引电机传动外，车辆中的各种辅助电源也都离不开电力电子技术。

电动汽车或混合动力汽车中的电机靠电力电子装置进行电力变换和驱动控制，其蓄电池的充电也离不开电力电子装置。一辆高级汽车中需要许多控制电机，它们也要靠变频器和斩波器驱动并控制。

飞机、船舶需要很多不同型号的电源，因此航空和航海都离不开电力电子技术。

4. 电子装置用电源

由于高频开关电源体积小、质量轻、效率高，现在已逐步取代了传统的线性稳压电源。各种电子装置一般都需要不同电压等级的直流电源供电。现在一般均采用全控型器件的高频开关电源。大型计算机所需的工作电源、微型计算机内部的电源现在大都采用高频开关电源。

5. 家用电器

电力电子照明电源体积小、发光效率高、可节省大量能源，通常被称为"节能灯"，正逐步取代传统的白炽灯和日光灯。

变频空调是家用电器中应用电力电子技术的典型例子之一。电视机、音响设备、家用计算机等电子设备的电源部分也都需要电力电子技术。此外，有些洗衣机、电冰箱、微波炉等电器也应用了电力电子技术。

（二）现代电力电子技术的应用领域

I. 计算机高效率绿色电源

随着计算机技术的发展，产生了绿色电脑和绿色电源的概念。绿色电脑泛指对环境无害的个人电脑和相关产品；绿色电源是指与绿色电脑相关的高效省电电源。桌上型个人电脑或相关的外围设备，在睡眠状态下的耗电量小于 30W，才符合绿色电脑的要求。就目前效率为 75% 的 200W 开关电源而言，电源自身的功耗就将近 500W，因此提高电源效率是降低电源自身功耗的根本途径。

2. 通信用高频开关电源

通信业的迅速发展极大地推动了通信电源的发展。高频小型化的开关电源已成为现代通信供电系统的主流。在通信领域中，通常将整流器称为一次电源，而将直流 - 直流（DC-DC）变换器称为二次电源。一次电源的作用是将单相或三相交流电源变换成标称值为 48V 的直流电源。目前在程控交换机用的一次电源中，传统的相控式稳压电源已被高频开关电源取代。高频开关电源通过 MOSFET 或 ICGBT 的高频工作，开关频率一般控制在 100kHz 左右甚至更高，实现高效率和小型化。近几年，开关整流器的功率容量不断扩大，单机容量已从 48V/12.5V，48V/20V 扩大到 48V/200V，48V/400V。

3. 直流 - 直流（DC-DC）变换器

DC-DC 变换技术被广泛应用于无轨电车、地铁列车、电动车的无级变速和控制，同时使上述控制获得加速平稳、快速响应的性能，并同时收到节约电能的效果。用直流斩波器代替变阻器可节约电能 20% ~ 30%。直流斩波器不仅能起调压的作用（开关电源），同时还能有效地抑制电网侧谐波电流噪声。

通信电源的二次电源 DC-DC 变换器已商品化，模块采用高频 PWM 技术，开关频率在 500kHz 左右，功率密度为 5 ～ 20W/in³。随着大规模集成电路的发展，要求电源模块实现小型化，就要不断提高开关频率和采用新的电路拓扑结构。目前已有一些公司研制生产了采用零电流开关和零电压开关技术的二次电源模块，功率密度有较大幅度的提高。

4. 不间断电源（UPS）

UPS 是计算机、通信系统以及要求提供不能中断供电场合所必需的一种高可靠、高性能的电源。交流市电输入经整流器变成直流，一部分能量给蓄电池组充电，另一部分能量经逆变器变成交流，经转换开关送到负载。为了在逆变器故障时仍能向负载提供能量，另一路备用电源通过电源转换开关来实现。

现代 UPS 普遍采用了脉宽调制技术和功率 MOSFET、IGBT 等现代电力电子器件，电源的噪声得以降低，效率和可靠性得以提高。微处理器软硬件技术的引入，可以实现对 UPS 的智能化管理，进行远程维护和远程诊断。

目前在线式 UPS 的最大容量已达到 600kVA 以上。超小型 UPS 发展也很迅速，已经有 0.5kVA、1kVA、2kVA、3kVA 等多种规格的产品。

5. 变频器电源

变频器电源主要用于交流电机的变频调速，其在电气传动系统中占据的地位日趋重要，已获得巨大的节能效果。变频器电源主电路均采用交流 - 直流 - 交流方案。工频电源通过整流器变成固定的直流电压，然后由大功率晶体管或 IGBT 组成的 PWM 高频变换器将直流电压逆变成电压、频率可变的交流输出，电源输出波形近似于正弦波，用于驱动交流异步电动机实现无级调速。

6. 高频逆变式整流焊机电源

高频逆变式整流焊机电源是一种高效的新型焊机电源，代表了当今焊机电源的发展方向。由于 IGBT 大容量模块的商用化，这种电源有着更广阔的应用前景。

逆变焊机电源大都采用交流 - 直流 - 交流 - 直流（AC-DC-AC-DC）变换的方法。50Hz 交流电经全桥整流变成直流，IGBT 组成的 PWM 高频变换部分将直流电逆变成 20kHz 的高频矩形波，经高频变压器耦合，整流滤波后成为稳定的直流，供电弧使用。

由于焊机电源的工作条件恶劣，频繁地处于短路、燃弧、开路交替变化之中，因此高频逆变式整流焊机电源的工作可靠性问题成为最关键的问题，也是用户最关心的问题。采用微处理器作为 PWM 的相关控制器，通过对多参数、多信息的采集与分析，达到预知系统各种工作状态的目的，进而提前对系统做出调整和处理，提高了目前大功率 IGBT 逆变电源的可靠性。国外逆变焊机已可做到额定焊接电流 300A，负载持续率 60%，全载电压 60 ~ 75V，电流调节范围 5 ~ 300A，质量 29kg。

7. 大功率开关型高压直流电源

大功率开关型高压直流电源广泛应用于静电除尘、水质改良、医用 X 光机和 CT 机等大型设备。电压高达 50 ~ 159kV，电流达到 0.5A 以上，功率可达 100kW。

自从 20 世纪 70 年代开始，日本的一些公司开始采用逆变技术，将市电整流后逆变为 3kHz 左右的中频，然后升压。进入 20 世纪 80 年代，高频开关电源技术迅速发展。德国西门子公司采用功率晶体管做主开关元件，将电源的开关频率提高到 20kHz 以上，并将干式变压器技术成功地应用于高频高压电源，取消了高压变压器油箱，使变压器系统的体积进一步减小。

国内对静电除尘高压直流电源进行了研制，市电经整流变为直流，采用全桥零电流开关串联谐振逆变电路将直流电压逆变为高频电压，然后由高频变压器升压，最后整流为直流高压。在电阻负载条件下，输出直流电压达到 55kV，电流达到 15mA，工作频率为 25.6kHz。

8. 电力有源滤波器

传统的交流 - 直流（AC-DC）变换器在投运时，将向电网注入大量的谐波电流，引起谐波损耗和干扰，同时还出现装置网侧功率因数恶化的现象，即所谓"电力公害"，例如，不可控整流加电容滤波时，网侧三次谐波含量可达 70% ~ 80%，网侧功率因数仅有 0.5 ~ 0.6。

电力有源滤波器是一种能够动态抑制谐波的新型电力电子装置，能克服传统 LC 滤波器的不足，是一种很有发展前景的谐波抑制手段。

9. 电力电子技术在船舶上的应用

当今，随着综合电力系统、全电力舰船等概念的日趋热化，电力电子技术将在未来的船舶电力系统中发挥重大的作用。例如功率变换器在舰船电力系统中的典型应用有舰载直升机舰面供电电源、船用 UPS、电机驱动变频器等。而电力推进技术在包括军用船舶在内的多种船舶中得到了广泛的应用，如客船、石油和天然气的开采与勘探所用的钻井装置、采油船和油船、海洋工程支援船和海上施工船、破冰船和冰区航行船、科学考察船、液化天然气船及大型水面作战舰艇等。常规潜艇已经实现了以直流为主的全电力推进，目前的主要任务是开发高功率体积比的新型交流推进电机，以实现交流电力推进。其发展方向是带变频模块、集成化的多相永磁同步电机。

目前世界上有三种主流电力推进系统，分别是轴系推进系统、全方位推进系统和吊舱式推进系统。特别是吊舱式推进系统除了具有噪声低和振动小的特点外，还能够大大提高舰船的机动性，显著降低船舶燃料费用，并能够将船舶的推进效率提高近10％，因此目前绝大部分新造的豪华游船都采用吊舱式电力推进系统。应用电力推进技术的推进电机控制器均采用电力电子技术。

二、电力电子技术的未来发展前景

当前，电力电子技术的发展已经进入各个领域，它在人们的生活中扮演着重要的角色，有着良好的发展前景，这主要体现在以下几方面：

①材料进一步更新。随着社会经济的发展，人们生活水平越来越高，对于新材料的需求也会越来越高。同样，电力电子技术也会进一步加快研究步伐，进一步提高器件的开关频率，减小器件体积，改进系统性能；同时，成本将会大幅度下降，使越来越多的领域受益。

②改进器件和装置封装形式。在未来的发展中，电力电子技术将会对电力电子器件和装置形式不断进行改进，实现系统集成，减小各项生产成本，同时通过新技术的运用使其获得更高的集成化和可靠性。

③使用无需吸收电路，并且关断延时小的集成门极换流晶闸管。可以有更多的器件供选择应用，特别是在一些大功率应用场合的器件选择时，选择的范围将会越来越广，给人们的社会生活带来方便。

④发展新型的全半导体变流系统。随着社会经济的迅速发展，在选择上越来越倾向于体积小、应用广的电子器件，因此电力电子技术的发展将会在体积小、质量轻、损耗小的全半导体变流系统上深入研究，满足日益增长的需要。

⑤发明新型家用电器产品。随着低碳经济的提倡，人们在生活中越来越追求低碳的概念，低碳对于人们的生活有着非常重要的意义。现阶段，各种低碳产品已经逐步进入人们的视线和生活之中，新型汽车、新型电动车等低碳产品供不应求，因此电子器件的发展趋势将会进一步向家用电器延伸。

第二章　电力电子器件

第一节　电力电子器件概述

在电力设备或电力系统中，直接承担电能变换或控制任务的电路称为主电路。电力电子器件指主电路中直接控制电能通断的电子器件，能承受较高的工作电压和较大的电流，主要工作在开关状态，因此电力电子器件也称为"电力开关"。电力电子器件工作在开关状态时有较低的通态损耗，因此可以提高功率变换电路的效率。目前电力电子器件种类繁多，分类方法大致有以下四种。

一、按照控制程度分类

（一）不可控器件

不需要控制信号来控制其通断的电力电子器件，称为不可控器件。由于不需要驱动电路，这类器件只有两个端子，其代表为电力二极管。其基本特性与普通二极管相似，器件的导通和关断完全由加在器件两端的电压极性决定。

（二）半控型器件

能在控制端施加控制信号控制其导通而不能控制其关断的电力电子器件，称为半控型器件。由于有控制端，这类器件一般有三个端子，其代表为晶闸管（Thyristor）及其大部分派生产品，器件的关断需要依靠电网电压或关断电路来完成。

（三）全控型器件

能在控制端施加控制信号控制其通断的电力电子器件，称为全控型器件，又称为自关断器件。由于有控制端，这类器件一般也有三个端子，其代表为可关断晶闸管（GTO）、电力晶体管（GTR）、绝缘栅双极晶体管（IGBT）、电力场效应晶体管（电力 MOSFET）。

二、按照控制信号的性质分类

（一）电流驱动型

通过从器件的控制端注入或者抽出电流来实现其导通或者关断的电力电子器件，称为电流驱动型电力电子器件或者电流控制型电力电子器件，其代表为晶闸管、GTO、GTR等器件。

（二）电压驱动型

通过在器件的控制端施加一定的电压信号就可实现其导通或者关断的电力电子器件，称为电压驱动型电力电子器件，或者电压控制型电力电子器件，其代表为IGBT、电力MOSFET等器件。由于电压驱动型器件实际上是通过加在控制端上的电压在器件的两个主电路端子之间产生可控的电场来改变流过器件的电流大小和通断状态，所以电压驱动型器件又称为场控器件。

三、按照控制信号的波形分类

（一）脉冲触发型

通过在控制端施加一个电压或电流的脉冲信号来实现器件的导通或者关断的控制，即器件一旦导通或者关断，就不再需要控制信号了，这类电力电子器件称为脉冲触发型电力电子器件，其代表为晶闸管、GTO等器件。

（二）电平控制型

通过持续在控制端施加一定大小的电压信号来使器件达到导通或者关断状态，即在器件导通或关断整个过程中控制端均需要施加控制信号，其代表为IGBT、电力MOSFET等。

四、按照电子和空穴两种载流子参与导电的情况分类

（一）单极型器件

由一种载流子参与导电的器件称为单极型器件，其代表为电力MOSFET等。

（二）双极型器件

由电子和空穴两种载流子参与导电的器件称为双极型器件，其代表为GTR等。

（三）复合型器件

由单极型器件和双极型器件合成的器件称为复合型器件，也称混合型器件，其代表为 IGBT 等。

第二节 电力二极管

电力二极管（Power Diode）常作为整流器件，属于不可控器件。它不能用控制信号控制其导通和关断，只能由加在电力二极管两端的电压极性控制其通断。电力二极管自 20 世纪 50 年代初期就获得应用，当时也被称为半导体整流器，直到现在电力二极管仍然大量应用于电气设备中。电力二极管还有许多派生器件，如快恢复二极管和肖特基二极管等。

一、PN 结与电力二极管的工作原理

电力二极管的基本结构和工作原理与信息电子电路中的二极管一样，以半导体 PN 结为基础，由一个面积较大的 PN 结和两端引线以及封装组成。从外形上看，主要有螺栓形、平板形和模块形三种封装，现在多以电力二极管模块封装形式出现。

首先回顾一下 PN 结的相关概念和二极管的基本工作原理。N 型半导体和 P 型半导体结合后构成 PN 结。N 区和 P 区交界处电子和空穴的浓度差别，形成各区的多数载流子（简称多子）向另一区的扩散运动，到对方区内成为少数载流子（简称少子），在界面两侧分别留下了带正、负电荷但不能任意移动的杂质离子。这些不能移动的正、负电荷称为空间电荷。空间电荷建立的电场称为内电场或自建电场，其方向是阻止扩散运动的；另一方面又吸引对方区内的少子（对本区而言则为多子）向本区运动，即漂移运动。扩散运动和漂移运动既相互联系，又相互制约，最终达到动态平衡，正、负空间电荷量达到稳定值，形成了一个稳定的由空间电荷构成的范围，称为空间电荷区，按所强调的角度不同也称为耗尽层、阻挡层或势垒区。

（一）PN 结的正向导通状态

当 PN 结外加正向电压，即外加电压的正端接 P 区、负端接 N 区时，外加电场与 PN 结自建电场方向相反，使得多子的扩散运动大于少子的漂移运动，形成扩散电流，在内部造成空间电荷区变窄，而在外电路上形成自 P 区流入从 N 区流出的电流，称为正向电流 I_F。

当外加电压升高时，自建电场将进一步被削弱，扩散电流进一步增加。这就是 PN 结的正向导通状态。

（二）PN 结的反向截止状态

当 PN 结外加反向电压时，外加电场与 PN 结自建电场方向相同，使得少子的漂移运动大于多子的扩散运动，形成漂移电流，在内部造成空间电荷区变宽，而在外电路上则形成自 N 区流入从 P 区流出的电流，称为反向电流 I_R。但是少子的浓度很小，在温度一定时漂移电流的数值趋于稳定，称为反向饱和电流 I_S。反向饱和电流非常小，一般仅为微安数量级，因此反向偏置的 PN 结表现为高阻态，流过电流很小，称为反向截止状态。

PN 结外加正向电压导通、外加反向电压截止的特性称为 PN 结的单向导电性，单向导电性为二极管的主要特征。

电力二极管在承受高电压、大电流方面要远远优于普通二极管，因此两者在半导体物理结构和工作原理上有很大区别。下面就此问题进行介绍。

首先，电力二极管大都是垂直导电结构，即电流在硅片内流动的总体方向是与硅片表面垂直的。而信息电子电路中的二极管一般是横向导电结构，即电流在硅片内流动的总体方向是与硅片表面平行的。与平行导电结构相比，垂直导电结构使得硅片中通过电流的有效面积增大，可以显著提高二极管的通流能力。

其次，电力二极管在 P 区和 N 区之间多了一层低掺杂 N 区（在半导体物理中用 N⁻ 表示），也称为漂移区。低掺杂 N 区由于掺杂浓度低而接近于无掺杂的纯半导体材料（本征半导体），因此电力二极管的结构也被称为 P-i-N 结构。由于掺杂浓度低，低掺杂 N 区就可以承受很高的电压而不致被击穿，因此低掺杂 N 区越厚，电力二极管能够承受的反向电压就越高。

同时，低掺杂 N 区由于掺杂浓度低而具有的高电阻率将引起电力二极管正向导通时的导通损耗增加。电力二极管具有的电导调制效应可有效解决上述问题。当 PN 结上流过的正向电流较小时，二极管的电阻主要是作为基片的低掺杂 N 区的欧姆电阻，其阻值较高且为常量，因而管压降随正向电流的上升而增加；当 PN 结上流过的正向电流较大时，由 P 区注入并积累在低掺杂 N 区少子空穴浓度将很大，为了维持半导体的电中性条件，其多子浓度也相应大幅度增加，使得其电阻率明显下降，也就是电导率大大增加。换句话说，少子大量注入的结果相当于增加了低掺杂 N 区的掺杂浓度，这就是电导调制效应。电导调制效应使电力二极管在正向电流较大时压降仍然很低，维持在 1V 左右，电力二极管表现为低阻态。

PN 结具有一定的反向耐压能力，但当施加的反向电压过大时，反向电流将会急剧增大，破坏 PN 结反向偏置为截止的工作状态，这就叫作 PN 结的反向击穿。反向击穿按照机理不同有雪崩击穿和齐纳击穿两种形式。反向击穿发生时，只要外电路中采取了措施，将反向电流限制在一定范围内，当反向电压降低后 PN 结仍可以恢复到原来的状态。但如果未限制反向电流，使得反向电流和反向电压的乘积超过了 PN 结允许的耗散功率，PN结就会因热量散发不出去而导致 PN 结温度上升，直至过热而烧毁，这就是热击穿。

（三）PN 结的电容效应

PN 结的电荷量随外加电压而变化，呈现电容效应，称为结电容 C_J，又称为微分电容。结电容按其产生机制和作用的差别分为势垒电容 C_B 和扩散电容 C_D。

势垒电容只在外加电压变化时才起作用，外加电压频率越高，势垒电容作用越明显。扩散电容仅在正向偏置时起作用。在正向偏置时，当正向电压较低时，以势垒电容为主；当正向电压较高时，扩散电容为结电容主要成分。

结电容影响 PN 结的工作频率，特别是在高速开关的状态下，可能使其单向导电性变差，甚至不能工作，使用时应加以注意。

二、电力二极管的基本特性

（一）静态特性

电力二极管的静态特性主要指其伏安特性。当电力二极管承受的正向电压达到门槛电压 U_{TO} 时，正向电流开始明显增加，处于稳定导通状态。与正向电流 I_F 对应的电力二极管两端的电压 U_F 即为其正向电压降。当电力二极管承受反向电压时，只有少子引起的反向漏电流，反向漏电流数值微小且恒定。

（二）动态特性

因电力二极管自身结电容的存在，电力二极管在零偏置（外加电压为零）、正向偏置和反向偏置三种状态之间的转换必然有一个过渡过程。此过程中，PN 结的一些区域需要一定时间来调整其带电状态，因而其电压 - 电流特性不能用前面的伏安特性来描述，而是随时间变化的，这就是电力二极管的动态特性，并且往往专指反映通态和断态之间转换过程的开关特性。

当处于正向导通状态的电力二极管的外加电压突然从正向变为反向时，该电力二极管并不能立即关断，而是在关断之前有较大的反向电流出现，并伴随有明显的反向电压过冲，须经过短暂的时间才能重新获得反向阻断能力，进入截止状态，这就是关断过程。

设 t_f 时刻外加电压突然由正向电压变为反向电压 U_R，正向电流在此反向电压作用下开始下降，下降速率由反向电压大小和电路中的电感决定，而管压降由于电导调制效应基本变化不大，直至正向电流降为零的 t_0 时刻。此时电力二极管由于在 PN 结两侧（特别是多掺杂 N 区）储存有大量少子的缘故而并没有恢复反向阻断能力，这些少子在外加反向电压的作用下被抽取出电力二极管，形成较大的反向电流。当空间电荷区附近的存储少子即将被抽尽时，管压降变为负极性，于是开始抽取离空间电荷区较远的浓度较低的少子，因而在管压降极性改变后不久的 t_1 时刻，反向电流达到最大值 I_{RP}，之后开始下降，空间电荷区开始迅速展宽，电力二极管开始重新恢复对反向的阻断能力。在 t_1 时刻以后，由于反向电流迅速下降，在外电路电感的作用下会在电力二极管两端产生比外加反向电压大得多的反向电压过冲 U_{RP}。在电流变化率接近于零的 t_2 时刻（有时标准定为电流降至 25% I_{RP} 的时刻），电力二极管两端承受的反向电压才降至外加电压 U_R，此刻电力二极管完全恢复对反向电压的阻断能力。t_d 为延迟时间，可表示为 $t_d=t_1-t_0$；t_f 为电流下降时间，可表示为 $t_d=t_2-t_1$；t_m 为反向恢复时间，可表示为 $t_m=t_d+t_f$。下降时间与延迟时间的比值 t_f/t_d，称为反向恢复系数，用 S_r 表示，它用来衡量反向恢复特性的硬度。S_r 越大则反向恢复特性越软，实际上就是反向电流下降时间相对较长，因而在同样的外电路条件下造成的反向电压过冲 U_{RP} 较小。

开通过程：电力二极管由零偏置转换为正向偏置时其动态过程为波形，在这一动态过程中，电力二极管的正向压降先出现一个过冲 U_{FP}，经过一段时间才趋于接近某个稳态压降的值。这一动态过程时间被称为正向恢复时间。出现电压过冲的原因如下：

①电导调制效应起作用需一定的时间来储存大量少子，在达到稳态导通前，管压降较大。

②正向电流的上升会因器件自身的电感而产生较大压降。电流上升率越大，U_{FP} 越高。

当电力二极管由反向偏置转换为正向偏置时，除上述时间外，势垒电容电荷的调整也需要更多时间来完成。

三、电力二极管的主要参数

（一）正向平均电流 $I_{F(AV)}$

正向平均电流指电力二极管长期运行时，在指定的管壳温度（简称壳温，用 T_c 表示）和散热条件下，其允许流过的最大工频正弦半波电流的平均值。二极管只能通过单方向的直流电流，直流电一般以平均值表示。电力二极管又经常使用在整流电路中，故在测试中以二极管通过工频交流（50Hz）正弦半波电流的平均值来衡量二极管的通流能力。在此电流下，因管子正向压降引起的损耗造成的结温升高不会超过所允许的最高工作结温。这也是标称其额定电流的参数。可以看出，正向平均电流是按照"电流的发热效应在允许的范围内"这个原则来定义的，因此在使用时应按照工作中实际波形的电流与电力二极管所允许的最大正弦半波电流在流过电力二极管时所造成的发热效应相等，即两个波形电流的有效值相等的原则来选取电力二极管的电流定额，并应留有一定的裕量。如果某电力二极管的正向平均电流为 $I_{F(AV)}$，即它允许流过的最大工频正弦半波电流的平均值为 $I_{F(AV)}$，由于正弦半波波形的平均值与有效值的比为 1 ： 1.57，则该电力二极管允许流过的最大电流有效值为 1.57 $I_{F(AV)}$。反之，如果已知某电力二极管在电路中需要流过某种波形电流的有效值为 I_D，则至少应该选取正向平均电流为 $I_D/1.57$ 的电力二极管，当然还要考虑一定的裕量。不过，应该注意的是，当用在频率较高的场合时，电力二极管的发热原因除了正向电流造成的通态损耗外，其开关损耗也往往不能忽略；当采用反向漏电流较大的电力二极管时，其断态损耗造成的发热效应也不小。在选择电力二极管正向电流定额时，这些都应该加以考虑。

（二）正向压降 U_F

正向压降指电力二极管在指定温度下，流过某一指定的稳态正向电流时对应的正向压降，有时参数表中也给出在指定温度下流过某一瞬态正向大电流时器件的最大瞬时正向压降。

（三）反向重复峰值电压 U_{RRM}

反向重复峰值电压指可以反复施加在器件两端，器件不会因反向击穿而损坏的最高电压。二极管在正向电压时是导通的，因此以反向电压来衡量二极管承受最高电压的能力。通常是其雪崩击穿电压的 2/3。使用时，往往按照电路中电力二极管可能承受的反向最高峰值电压的两倍来选定此项参数。

（四）最高工作结温 T_{JM}

结温是指管芯 PN 结的平均温度，用 T_J 表示。PN 结的温度影响着半导体载流子的运动和稳定性。结温过高时，二极管的伏安特性迅速变坏。最高工作结温是指在 PN 结不致损坏的前提下所能承受的最高平均温度，T_{JM} 通常在 125℃ ~ 175℃ 范围之内。结温与管壳的温度、器件的功耗、器件散热条件（散热器设计）和环境温度等因素有关。

（五）反向恢复时间 t_m

关断过程中，从正向电流降到零开始到反向电流下降到接近于 0 时的时间间隔称为反向恢复时间 t_m，即 $t_m = t_d + t_f$。

（六）浪涌电流 I_{FSM}

浪涌电流指电力二极管所能承受最大的一个或连续几个工频周期的过电流。

四、电力二极管的主要类型

电力二极管按照正向压降、反向耐压和反向漏电流等性能，特别是反向恢复特性的不同，分为以下三类。

（一）普通二极管

普通二极管又称整流二极管，多用于开关频率不高（1kHz 以下）的整流电路中。其反向恢复时间较长，一般为 25μs 至几百微秒，这在开关频率不高时并不重要，其额定电流和额定电压可以达到很高的值，分别可达数千安和数千伏。

（二）快恢复二极管

恢复过程很短，特别是反向恢复过程很短（5μs 以下）的二极管，简称快速二极管。采用外延型 P-i-N 结构的快恢复外延二极管，其反向恢复时间更短（可低于 50s），正向压降也很低（0.9V 左右），但其反向耐压多在 400V 以下。快恢复二极管从性能上可分为快速恢复和超快速恢复两个等级。快速恢复二极管反向恢复时间为数百纳秒或更长，超快速恢复二极管则在 100ns 以下，甚至达到 20 ~ 30ns。

（三）肖特基二极管

以金属和半导体接触形成的势垒为基础的二极管称为肖特基势垒二极管，简称为肖特基二极管。肖特基二极管的优点在于：反向恢复时间很短（10 ~ 40ns），正向恢复过程中也不会有明显的电压过冲；在反向耐压较低的情况下其正向压降也很小，明显低于快恢复二极管；其开关损耗和正向导通损耗都比快速二极管还要小，效率高。肖特基二极管的缺点在于：其正向压降随其反向耐压的提高而上升很快，因此多用于 200V 以下的低压场合；反向漏电流较大且对温度敏感，因此反向稳态损耗不能忽略，而且必须更严格地限制其工作温度。

第三节　晶闸管

晶闸管（Thyristor）是晶体闸流管的简称，又称为可控硅整流器（Silicon Controlled Rectifier，SCR）。1956 年美国贝尔实验室发明了晶闸管；1957 年美国通用电气公司开发出第一只晶闸管产品；1958 年商业化，开辟了电力电子技术迅速发展和广泛应用的崭新时代，其标志就是以晶闸管为代表的电力半导体器件的广泛应用，有人称之为继晶体管发明之后的又一次电子技术革命。20 世纪 80 年代以来，晶闸管开始被性能更好的全控型器件取代，但是由于其所能承受的电压和电流容量很高，工作可靠，因此在大容量的场合仍具有重要地位。

晶闸管从外形上看有螺栓形、平板形和模块形三种封装结构，且均引出阳极 A、阴极 K 和门极（控制端）G 三个连接端。前两种外形的晶闸管现在已基本不使用了，大多数应用场合使用模块形晶闸管。

一、晶闸管的结构与工作原理

晶闸管内部是 PNPN 四层半导体结构，分别命名为 P_1、N_1、P_2、N_2 四个区。P_1 区引出阳极 A，N_2 区引出阴极 K，P_2 区引出门极 G。四个区形成 J_1、J_2、J_3 三个 PN 结。如果正向电压加到晶闸管上（电源正极接晶闸管阳极，负极接晶闸管阴极），则 J_2 处于反向偏置状态，器件 A、K 两端之间处于阻断状态，只能流过很小的漏电流；如果反向电压加到晶闸管上（电源正极接晶闸管阴极，负极接晶闸管阳极），则 J_1 和 J_3 反偏，晶闸管也处于阻断状态，仅有极小的反向漏电流通过。

晶闸管导通的工作原理可以用双晶体模型来解释。如在晶闸管上取一倾斜的截面，则其可以看作由 $P_1N_1P_2$ 和 $N_1P_2N_2$ 构成的两个晶体管 V_1、V_2 组合而成。如果外电路向门极注入电流 I_G，也就是注入驱动电流，则 I_G 流入晶体管 V_2 的基极，即产生集电极电流 I_{c2}，I_{c2} 构成晶体管 V_1 的基极电流，放大成集电极电流 I_{c1}。I_{c1} 进一步增大 V_2 的基极电流，如此形成强烈的正反馈，最后 V_1 和 V_2 进入完全饱和状态，即晶闸管导通。此时如果撤掉外电路注入门极的电流 I_G，由正反馈形成的 I_{c1}，流入门极 G 的电流 I_G 足以维持晶闸管的饱和导通状态。而若要使晶闸管关断，必须设法使流过晶闸管的电流降低到接近于零的某一数值以下，晶闸管才能关断，可采用去掉阳极所加的正向电压，或者给阳极施加反压，或者减小负载等方法。因此，对晶闸管的驱动过程称为触发，产生注入门极的触发电流 I_c 的电路称为门极触发电路。这种只能控制开通，不能控制关断的器件称为半控型器件，晶闸管就是半控型器件。

根据晶闸管工作原理，可以列出如下方程：

$$I_{c1} = \alpha_1 I_A + I_{CBO1}$$

（2-1）

$$I_{c2} = \alpha_2 I_K + I_{CBO2}$$

（2-2）

$$I_K = I_A + I_G$$

（2-3）

$$I_A = I_{c1} + I_{c2}$$

（2-4）

式中：α_1，α_2——晶体管 V_1 和 V_2 的共基极电流增益；

I_{CBO1}、I_{CBO2}——V_1 和 V_2 的共基极漏电流。

由式（2-1）至式（2-4）可得：

$$I_A = \frac{\alpha_2 I_G + I_{CBO1} + I_{CBO2}}{1-(\alpha_1+\alpha_2)}$$

（2-5）

晶体管的特性是：在低发射极电流下 α 是很小的，而当发射极电流建立起来之后，α 迅速增大，因此在晶体管阻断状态下，$I_G=0$，$\alpha_1+\alpha_2$ 很小。由上式可以看出，此时流过晶闸管的漏电流只是稍大于两个晶体管漏电流之和。如果注入触发电流使各个晶体管的发射极电流增大以至 $\alpha_1+\alpha_2$ 趋近于 1 的话，流过晶闸管的电流 I_A（阳极电流）将趋近于无穷大，实现器件饱和导通。I_A 实际大小由外电路负载大小决定。

晶闸管在以下几种情况下也可以被触发导通：

①阳极电压升高至相当高的数值造成雪崩效应；

②阳极电压上升率 du / dt 过高；

③结温较高；

④光直接照射硅片，即光触发。

光触发除可以保证控制电路与主电路之间的良好绝缘而应用于高压电力设备中之外，其他都因不易控制而难以应用于实践。门极触发（包括光触发）是最精确、迅速而且可靠的控制手段。光控晶闸管（Light Triggered Thyristor, LTT）将在晶闸管的派生器件中介绍。

二、晶闸管的基本特性

1. 静态特性

晶闸管正常工作时的特性如下：

①承受反向电压时，不论门极是否有触发电流，晶闸管都不会导通；

②承受正向电压时，仅在门极有触发电流的情况下，晶闸管才能导通；

③晶闸管一旦导通，门极就失去控制作用，不论门极触发电流是否还存在，晶闸管都保持导通；

④若要使晶闸管关断，只能利用外加电压或外电路的作用使晶闸管的电流降到接近于零的某一数值以下。

以上特点反映了晶闸管的伏安特性。晶闸管的伏安特性是指晶闸管阳极电流和阳极电压之间的关系曲线。其中，位于第Ⅰ象限的是正向特性，第Ⅲ象限的是反向特性。

$I_G=0$ 时，如果在器件两端施加正向电压，则晶闸管为正向阻断状态，只有很小的正向漏电流流过。如果正向电压超过临界极限即正向转折电压 U_{bo} 时，则漏电流急剧增大，器件迅速开通。随着门极电流幅值的增大，正向转折电压降低。这种开通叫作硬开通，由于硬开通不稳定且易造成器件损坏，所以一般不允许硬开通。导通后晶闸管本身的压降很小，即使通过较大的阳极电流，其管压降在 1V 左右。导通期间，如果门极电流为零，并且阳极电流降至接近于零的某一数值 I_H 以下，则晶闸管又回到正向阻断状态。I_H 称为维持电流。

当在晶闸管上施加反向电压时，晶闸管处于反向阻断状态，只有极小的反向漏电流通过。当反向电压超过一定限度，到反向击穿电压后，外电路如不采取措施，则反向漏电流急剧增大，导致晶闸管发热损坏。

晶闸管的门极触发电流是从门极流入晶闸管，从阴极流出的。阴极是晶闸管主电路与控制电路的公共端。门极触发电流也往往是通过触发电路在门极和阴极之间施加触发电压而产生的。从晶闸管的结构可以看出，门极和阴极之间是 PN 结 J_3，其伏安特性称为门极伏安特性。

2.动态特性

晶闸管的动态特性主要是指晶闸管的开通与关断过程。

（1）开通过程

使门极在坐标原点时刻开始受到理想阶跃电流触发时，由于晶闸管内部的正反馈过程需要时间，再加上外电路电感的限制，晶闸管受到触发后，其阳极电流的增长不可能是瞬间的。从门极电流阶跃时刻开始，到阳极电流上升到稳态值的 10%，这段时间 t_d 称为延迟时间，与此同时晶闸管的正向压降也在减小。阳极电流从 10% 上升到稳态值的 90% 所需的时间 t_r 称为上升时间，开通时间 t_{gt} 定义为两者之和，即：

$$t_{gt} = t_d + t_r$$

（2-6）

普通晶闸管延迟时间为 0.5 ~ 1.5 μs，上升时间为 0.5 ~ 3 μs。其延迟时间随门极电流的增大而减小。上升时间除反映晶闸管本身特性外，还受到外电路电感的严重影响。延迟时间和上升时间还与阳极电压的大小有关。提高阳极电压可以增大晶闸管双晶体管模型中晶体管 V_2 的电流增益 α_2，从而使正反馈过程加速，延迟时间和上升时间都可以显著缩短。

（2）关断过程

由于外电路电感的存在，原处于导通状态的晶闸管当外加电压突然由正向变为反向时，其阳极电流在衰减时必然也是有过渡过程的。阳极电流将逐步衰减到零，然后同电力二极管的关断动态过程类似，在反方向会流过反向恢复电流，经过最大值 I_{RM} 后，再反方向衰减。同样，在恢复电流快速衰减时，此时 di/dt 很大，与外电路电感相作用，会在晶闸管两端引起反向尖峰电压 U_{RRM}。最终反向恢复电流衰减至接近于零，晶闸管恢复其对反向电压的阻断能力。从正向电流降为零到反向恢复电流衰减至接近于零的时间 t_{rr} 称为晶闸管的反向阻断恢复时间。反向恢复后，由于载流子复合过程比较慢，此时晶闸管并没有恢复正向阻断能力，晶闸管还需要一段时间才能恢复其对正向电压的阻断能力，这段时间 t_{gr} 称为正向阻断恢复时间。在正向阻断恢复时间内，如果重新对晶闸管施加正向电压，晶闸管会重新正向导通，所以实际应用中，应对晶闸管施加足够长时间的反向电压，使晶闸管充分恢复其对正向电压的阻断能力，电路才能可靠工作。晶闸管的电路换向关断时间 t_q，包括反向阻断恢复时间 t_{rr} 与正向阻断恢复时间 t_{gr}，即：

$$t_q = t_{rr} + t_{gr}$$

（2-7）

注意：

①普通晶闸管的关断时间为几百微秒。

②在正向阻断恢复时间内如果重新对晶闸管施加正向电压，晶闸管会重新正向导通。

③实际应用中，应对晶闸管施加足够长时间的反向电压，使晶闸管充分恢复其对正向电压的阻断能力，电路才能可靠工作。

三、晶闸管的主要参数

1. 电压定额

（1）断态重复峰值电压 U_{DRM}

断态重复峰值电压指在门极断路而结温为额定值时，允许重复加在器件上的正向峰值电压。国际规定重复频率为 50Hz，每次持续时间不超过 10ms。规定断态重复峰值电压 U_{DRM} 为断态不重复峰值电压（断态最大瞬时电压）U_{DRM} 的 90%。断态不重复峰值电压应低于正向转折电压 U_{bo}，所留裕量大小由生产厂家自行规定。

（2）反向重复峰值电压 U_{RRM}

反向重复峰值电压指在门极断路而结温为额定值时，允许重复加在器件上的反向峰值电压。规定反向重复峰值电压 U_{RRM} 为反向不重复峰值电压（反向最大瞬态电压）U_{RSM} 的 90%。反向不重复峰值电压应低于反向击穿电压，所留裕量大小由生产厂家自行规定。

（3）额定电压

通常取晶闸管的 U_{DRM} 和 U_{RRM} 中较小的标值作为该器件的额定电压。选用时，额定电压要留有一定裕量，一般取额定电压为正常工作时晶闸管所承受峰值电压的 2～3 倍。

2.电流定额

（1）通态平均电流 $I_{\text{T(AV)}}$（额定电流）

在环境温度为40℃和规定的散热冷却条件下，晶闸管在电阻性负载的单相、工频正弦半波导电、结温稳定在额定值125℃时，所对应的通态平均电流值定义为晶闸管额定电流 $I_{\text{T(AV)}}$。晶闸管的额定电流也是基于功耗发热导致结温不超过允许值而限定的。如果正弦电流的峰值为 I_{m}，则正弦半波电流的平均值为：

$$I_{\text{AV}} = \frac{1}{2\pi} \int_0^\pi I_{\text{m}} \sin(\omega t) \text{d}(\omega t) = \frac{I_{\text{m}}}{\pi}$$

（2-8）

已知正弦半波的有效值为：

$$I = \sqrt{\frac{1}{2\pi} \int_0^\pi \left(I_{\text{m}} \sin(\omega t) \text{d}(\omega t) \right)^2 t} = \frac{I_{\text{m}}}{2}$$

（2-9）

由式（2-8）和式（2-9）得到有效值为：

$$I = \frac{\pi}{2} I_{\text{AV}} = 1.57 I_{\text{AV}} = 1.57 I_{\text{T(AV)}}$$

（2-10）

即产品手册中的额定电流为 $I_{\text{AV}} = I_{\text{T(AV)}} = 100\text{A}$ 的晶闸管可以通过任意波形、有效值为157A的电流，其发热温度正好是允许值。在实际应用中，由于电路波形可能既有直流（直流电流平均值与有效值相等）又有半波正弦，因此应按照实际电流波形计算其有效值，再将此有效值除以1.57作为选择晶闸管额定电流的依据。当然，由于晶闸管等电力电子半导体开关器件热容量很小，实际电路中的过电流又不可避免，故在设计中通常留有1.5～2倍的电流安全裕量。

例如，需要某晶闸管实际承担的某波形电流有效值为400V，则可选取额定电流（通态平均电流）为400V/1.57=255V的晶闸管（根据正弦半波波形平均值与有效值之比为1∶1.57），再考虑裕量，比如将计算结果放大到2倍左右，则可选取额定电流为500V的晶闸管。

（2）维持电流 I_{H}

维持电流是使晶闸管维持导通所必需的最小电流，一般为几十到几百毫安。它与结温有关，结温越高，则 I_{H} 越小。

（3）擎住电流 I_{L}

擎住电流是晶闸管刚从断态转入通态并移除触发信号后，能维持导通所需的最小电流。对同一晶闸管来说，通常 I_{L} 为 I_{H} 的2～4倍。

（4）浪涌电流 I_{TSM}

浪涌电流是指由于电路异常情况引起并使结温超过额定结温的不重复性最大正向过载电流，即晶闸管在规定的极短时间内所允许通过的冲击性电流值。浪涌电流有上下两个级，这个参数可作为设计保护电路的依据。

3. 动态参数

晶闸管除开通时间 t_{gt} 和关断时间 t_q 外，还有以下两个参数：

（1）断态电压临界上升率 du/dt

断态电压临界上升率指在额定结温和门极开路的情况下，不导致晶闸管从断态到通态转换的外加电压最大上升率。如果在阻断的晶闸管两端施加的电压具有正向的上升率时，则在阻断状态下相当于一个电容的 J_2 结会有充电电流流过，被称为位移电流。此电流流经 J_3 结时，起到类似门极触发电流的作用。如果电压上升率过大，使充电电流足够大，就会使晶闸管误导通。使用中实际电压上升率必须低于此临界值。

（2）通态电流临界上升率 di/dt

通态电流临界上升率指在规定条件下，晶闸管能承受而无有害影响的最大通态电流上升率。如果电流上升太快，则晶闸管刚开通，便会有很大的电流集中在门极附近的小区域内，从而造成局部过热而使晶闸管损坏。

第四节　其他类型晶闸管

一、快速晶闸管

它包括所有专为快速应用而设计的晶闸管，有常规的快速晶闸管和工作在更高频率的高频晶闸管，可分别应用于 400Hz 和 10kHz 以上的斩波或逆变电路中。由于对普通晶闸管的管芯结构和制造工艺进行了改进，快速晶闸管的开关时间以及 du/dt 和 di/dt 耐量都有明显改善。从关断时间来看，普通晶闸管关断时间一般为数百微秒，快速晶闸管为数十微秒，高频晶闸管则为 $10\mu s$ 左右。与普通晶闸管相比，高频晶闸管的不足在于其电压和电流定额都不高，由于工作频率较高，选择通态平均电流时不能忽略其开关损耗的发热效应。

二、双向晶闸管

双向晶闸管可认为是一对反并联连接的普通晶闸管的集成，它有两个主电极 T_1 和 T_2，一个门极 G。门极使器件在主电路的正反两方向均可触发导通，所以双向晶闸管在第 I 和第 III 象限有对称的伏安特性。双向晶闸管控制电路简单，在交流调压电路、固态继电器（Solid State Relay，SSR）和交流电机调速等领域应用较多。

由于双向晶闸管通常用在交流电路中，因此不用平均值而用有效值来表示其额定电流值。

三、逆导晶闸管

逆导晶闸管是一个反向导通的晶闸管，是将晶闸管反并联一个二极管制作在同一管芯上的功率集成器件，这种器件不具有承受反向电压的能力，一旦承受反向电压即开通。与普通晶闸管相比，逆导晶闸管具有正向压降小、关断时间短、高温特性好、额定结温高、减小了接线电感等优点，可用于不需要阻断反向电压的电路中。逆导晶闸管的额定电流有两个：一个是晶闸管电流；一个是反并联二极管的电流。

四、光控晶闸管

光控晶闸管又称光触发晶闸管，是利用一定波长的光照信号触发导通晶闸管。小功率光控晶闸管只有阳极和阴极两个端子，大功率光控晶闸管则还带有光缆，光缆上装有作为触发光源的发光二极管或半导体激光器。由于采用光触发保证了主电路与控制电路之间的绝缘，且可避免电磁干扰的影响，因此目前在高压大功率的场合，如高压直流输电装置中占据重要的地位。

第五节　全控型电力电子器件

全控型电力电子器件的典型代表为门极可关断晶闸管（Gate-Turm-Off Thyristor，GTO）、电力晶体管（Giant Transistor，GTR）、电力场效应晶体管（Power MOSFET）和绝缘栅双极晶体管（Insulated-gate Bipolar Transistor，IGBT 或 IGT）。

一、门极可关断晶闸管

门极可关断晶闸管是一种具有自关断能力的晶闸管，在晶闸管问世后不久出现，是晶闸管的一种派生器件。处于断态时，如果有阳极正向电压，其门极加上正向触发脉冲电流后，GTO 可由断态转入通态；已处于通态时，门极加上足够大的反向脉冲电流，GTO 由通态转入断态，因而属于"全控型电力电子器件"或"自关断电力电子器件"。由于不需要用外部电路强迫阳极电流为零使之关断，仅由门极加脉冲电流去关断它，这就简化了电力变换主电路，提高了工作的可靠性。GTO 的许多性能虽然与 MOSFET、IGBT 相比要差，但其电压、电流容量较大，与普通晶闸管接近，因而在兆瓦级以上的大功率场合仍有较多应用。

（一）GTO 的结构

GTO 与普通晶闸管一样，是 PNPN 四层半导体结构，外部引出阳极、阴极和门极，但和普通晶闸管的不同点在于它是一种多元的功率集成器件，内部包含数十个甚至数百个共阳极的小 GTO 单元，这些 GTO 单元的阴极和门极在器件内部并联在一起。这种特殊结构是为了便于实现门极控制关断而设计的。

（二）GTO 的工作原理

与晶闸管一样，GTO 的工作原理可以用双晶体管模型来分析。由 $P_1N_1P_2$ 和 $N_1P_2N_2$ 构成的两个晶体管 V_1、V_2 分别具有共基极电流增益 α_1 和 α_2。由晶闸管的分析可以看出，$\alpha_1+\alpha_2=1$ 是器件临界导通的条件。当 $\alpha_1+\alpha_2>1$ 时，两个等效晶体管饱和而使器件导通；当 $\alpha_1+\alpha_2<1$ 时，不能维持饱和导通而关断。

GTO 能够通过门极关断的原因如下：

①设计 GTO 时，使 α_2 较大，可使晶体管 V_2 控制灵敏，易于 GTO 关断。

②导通时 $\alpha_1+\alpha_2$ 更接近 1（GTO 的 $\alpha_1+\alpha_2\approx1.05$，普通晶闸管的 $\alpha_1+\alpha_2\geq1.15$），导通时饱和不深，接近临界饱和，有利门极控制关断，但导通时管压降增大。

③多元集成结构使 GTO 单元阴极面积很小，门、阴极间距大为缩短，使得 P_2 基区横向电阻很小，能从门极抽出较大电流，所以 GTO 的导通过程与晶闸管一样，只是导通时饱和程度较浅。而关断过程给门极加负脉冲，即从门极抽出电流，则晶体管 V_2 的基极电流 I_{b2} 减小，使 I_K 和 I_{c2} 减小，I_{c2} 的减小又使 I_A 和 I_{c1} 减小，又进一步减小 V_2 的基极电流 I_{b2} 形成了正反馈，如此循环往复。当 I_A 和 I_K 的减小使 $\alpha_1+\alpha_2<1$ 时，器件退出饱和而关断。

GTO 的多元集成结构除了对关断有利外，还使 GTO 比普通晶闸管开通过程更快，承受 $\mathrm{d}i/\mathrm{d}t$ 能力更强。

（三）GTO 的动态特性

与晶闸管类似，开通过程须经过延迟时间 t_d 和上升时间 t_r。关断过程与晶闸管有所不同，首先要经历抽取饱和导通时储存的大量载流子的时间——储存时间 t_s，从而使等效晶体管退出饱和状态；然后则是等效晶体管从饱和区退至放大区，阳极电流逐渐减小的时间——下降时间 t_f；最后还有残存载流子复合所需的时间——尾部时间 t_t。

通常下降时间比存储时间 t_f 小得多，而 t_t 比 t_s 要长。门极负脉冲电流幅值越大，前沿越陡，抽走储存载流子的速度越快，t_s 越短。门极负脉冲的后沿缓慢衰减，在 t_t 阶段仍保持适当负电压，则可缩短尾部时间。

（四）GTO 的主要参数

GTO 的许多参数和晶闸管相应的参数意义相同，以下只介绍意义不同的参数。

1. 最大可关断阳极电流 I_{ATO} （GTO 额定电流）

在规定条件下，由门极控制可关断的阳极电流最大值。这也是用来标称 GTO 额定电流的参数。该电流与门极可关断电路、主回路及缓冲电路等条件有关。

2. 电流关断增益 β_{off}

最大可关断阳极电流与门极负脉冲电流最大值 I_{GM} 之比称为电流关断增益，即：

$$\beta_{off} = \frac{I_{ATO}}{I_{GM}}$$

（2-11）

β_{off} 一般很小，只有 5 左右，这是 GTO 的一个主要缺点。例如，流经 GTO 的阳极电流为 1000A 时，关断时门极负脉冲电流峰值大约要 200A，这是一个相当大的数值。

3. 开通时间 t_{on}

开通时间是指延迟时间与上升时间之和。GTO 的延迟时间一般为 1 ~ 2μs，上升时间则随通态阳极电流值的增大而增大。

4. 关断时间 t_{off}

关断时间一般指储存时间和下降时间之和，不包括尾部时间。GTO 的储存时间随阳极电流的增大而增大，下降时间一般小于 2μs。

另外需要指出的是，不少 GTO 都制造成逆导型，类似逆导晶闸管。当须承受反压时，应和电力二极管串联使用。

二、电力晶体管

电力晶体管（Giant Transistor，GTR），又称为巨型晶体管，是一种耐高电压、大电流的双极结型晶体管（Bipolar Junction Transistor，BJT），英文有时候也称为 Power BJT。在电力电子技术的范围内，GTR 与 BJT 这两个名称是等效的。20 世纪 80 年代以来，在中、小功率范围内取代晶闸管，但目前又大多被 IGBT 和电力 MOSFET 取代。

（一）GTR 的结构和工作原理

GTR 与普通的双极结型晶体管基本原理是一样的，但是对 GTR 来说，最主要特性是耐压高、电流大、开关特性好，而不像用于信息处理的小功率晶体管那样注重单管电流放大系数、线性度、频率响应以及噪声和温度漂移等性能参数，因此 GTR 通常采用至少由两个晶体管按达林顿接法组成的单元结构，同 GTO 一样采用集成电路工艺将许多这种单元并联而成。单管的 GTR 结构与普通的双极结型晶体管是类似的。GTR 是由三层半导体（分别引出集电极、基极和发射极）形成的两个 PN 结（集电结和发射结）构成，多采用 NPN 结构。

与信息电子电路中的普通双极结型晶体管相比，GTR 多了一个 N 漂移区（低掺杂 N 区）。这与电力二极管中低掺杂 N 区的作用一样，是用来承受反向高电压的，而且 GTR 导通时也是靠从 P 区向 N⁻ 漂移区注入大量的少子形成的电导调制效应来减小通态电压和损耗。

在应用中 GTR 一般采用共发射极接法，集电极电流 i_c 与基极电流 i_b 之比为：

$$\beta = \frac{i_c}{i_b}$$

（2-12）

β 称为 GTR 的电流放大系数，它反映了基极电流对集电极电流的控制能力。当考虑到集电极和发射极间的漏电流 I_{ceo} 时 i_c 和 i_b 的关系为：

$$i_c = \beta i_b + I_{ceo}$$

（2-13）

GTR 的产品说明书中通常给直流电流增益 E，它是在直流工作情况下，集电极电流与基极电流之比。一般可认为 $\beta \approx h_{FE}$，单管 GTR 的 β 值比小功率的晶体管小得多，通常为 10 左右，采用达林顿接法可有效增大电流增益。

（二）GTR 的基本特性

I. 静态特性

GTR 在共发射极接法时的典型输出特性，分为截止区、放大区及饱和区三个区域。在电力电子电路中，GTR 工作在开关状态，即工作在截止区或饱和区。但在开关过程中，即在截止区和饱和区之间过渡时，一般要经过放大区。

2. 动态特性

GTR 是使用基极电流来控制集电极电流的。

与 GTO 相似，GTR 的开通过程需要经过延迟时间 t_d 和上升时间 t_r，两者之和为开通

时间 t_{on}。延迟时间 t_d 主要是由发射结势垒电容和集电结势垒电容充电产生的。增大基极驱动电流 i_b 的幅值并增大 di_b/dt，可缩短延迟时间 t_d 和上升时间 t_r，从而缩短开通时间。GTR 的关断过程包含储存时间 t_s 和下降时间 t_f，二者之和为关断时间 t_{off}。t_s 是用来除去饱和导通时储存在基区的载流子的，是关断时间的主要部分。减小导通时的饱和深度以减小储存的载流子，或者增大基极抽取负电流 I_{b2} 的幅值和负偏压，可缩短储存时间，从而加快关断速度。当然，减小导通时的饱和深度的负面作用是会使集电极和发射极间的饱和导通压降 U_{cee} 增加，从而增大通态损耗。GTR 的开关时间在几微秒以内，比晶闸管和 GTO 都短很多。

（三）GTR 的主要参数

前已述及了一些参数，如电流放大倍数 β、直流电流增益 h_{FE}、集射极间漏电流 I_{ceo}、开通时间 t_{on} 和关断时间 t_{off}。此外还有最高工作电压、集电极最大允许电流 I_{cm} 和集电极最大耗散功率 P_{cm}。

I.最高工作电压

GTR 上电压超过规定值时会发生击穿。击穿电压不仅和晶体管本身特性有关，还与外电路接法有关。发射极开路时集电极和基极间的反向击穿电压 BU_{cbo}，基极开路时集电极和发射极间的击穿电压 BU_{ceo}，发射极与基极间电阻连接或短路连接时集电极和发射极间的击穿电压 BU_{cer} 和 BU_{ces}，发射结反向偏置时集电极和发射极间的击穿电压 BU_{cex}，这些击穿电压之间的关系为 $BU_{cbo} > BU_{cex} > BU_{ces} > BU_{cer} > BU_{ceo}$。实际使用时，为确保 GTR 安全，最高工作电压要比 BU_{ceo} 低得多。

2.集电极最大允许电流 I_{cm}

通常规定直流电流放大系数 h_{FE} 下降到规定值的 1/3 ~ 1/2 时所对应的 I_c 为集电极最大允许电流。实际使用时要留有较大裕量，只能用到 I_{cm} 的一半或稍多一点。

3.集电极最大耗散功率 P_{cm}

这是指 GTR 在最高工作温度下允许的耗散功率。产品说明书中给 P_{cm} 时同时给出壳温 T_C，间接表示了最高工作温度。

（四）GTR 的二次击穿现象与安全工作区

当 GTR 的集电极电压升高至击穿电压时，集电极电流 I_c 迅速增大，这种首先出现的击穿是雪崩击穿，称为一次击穿。出现一次击穿后，只要 I_c 不超过限度，GTR 一般不会损坏，工作特性也不会有什么变化。但实际应用中常常发现一次击穿发生时如不有效地限制电流，I_c 增大到某个临界点时会突然急剧上升，并伴随电压的陡然下降，这种现象称为二次击穿。二次击穿常常立即导致器件的永久损坏，或者工作特性明显衰变，因而对 GTR 危害极大。

将不同基极电流下二次击穿的临界点连接起来，就构成了二次击穿临界线，临界线上的点反映了二次击穿功率 P_{SB}。这样，GTR 工作时不仅不能超过最高电压 U_{cem}、集电极最大电流 I_{cm}、最大耗散功率 P_{cm}，也不能超过二次击穿临界线。这些限制条件就规定了 GTR 的安全工作区（Safe Operating Area，SOA）。

三、电力场效应晶体管

电力场效应晶体管（Power Metal Oxide Semiconductor FET）简称电力 MOSFET，是利用电场效应控制半导体中电流的电力半导体器件。它是一种单极型电压控制器件，不但有自关断能力，而且有驱动功率小、工作频率高、无二次击穿现象、安全工作区宽等优点。一般只适用于功率不超过 10kW 的电力电子装置。

电力场效应晶体管有结型和绝缘栅型两种类型，通常主要指绝缘栅型中的 MOS 型。结型电力场效应晶体管一般称作静电感应晶体管，将在下一节做简要介绍。这里主要讲述电力 MOSFET。

（一）电力 MOSFET 的结构和工作原理

电力 MOSFET 按导电沟道可分为 P 沟道和 N 沟道。当栅极电压为零时，漏源极之间就存在导电沟道的称为耗尽型；对于 N（P）沟道器件，栅极电压大于（小于）零时才存在导电沟道的称为增强型。电力 MOSFET 主要是 N 沟道增强型。

电力 MOSFET 有三个极，分别为门极 G、源极 S、漏极 D。

电力 MOSFET 在导通时只有一种极性的载流子（多子）参与导电，是单极型晶体管。其导电机理与小功率 MOS 管相同，但结构上有较大区别。小功率 MOS 管是一次扩散形成的器件，其导电沟道平行于芯片表面，是横向导电器件。目前，电力 MOSFET 大都采用垂直导电结构，又称为 VMOSFET（Vertical MOSFET）。这大大提高了 MOSFET 器件的耐压和通电流能力。按垂直导电结构的差异，电力 MOSFET 又分为利用 V 形槽实现垂直导电的 VVMOSFET（Vertical V-groove MOSFET）和具有垂直导电双扩散 MOS 结构的 VDMOSFET（Vertical Double-diffused MOSFET）。这里主要以 VDMOS 器件为例进行讨论。

电力 MOSFET 是多元集成结构，即一个器件由许多个小 MOSFET 单元组成。每个单元的形状和排列方法，不同生产厂家采用了不同的设计，甚至因此为其产品取了不同的名称，具体有：六边形单元、正方形单元、矩形单元按"品"字形的排列。

当漏极接电源正端、源极接电源负端、栅极和源极间电压为零时，P 基区与 N 漂移区之间形成的 PN 结 J_1 反偏，漏源极之间无电流流过。如果在栅极和源极之间加一正电压 U_{GS}，由于栅极是绝缘的，所以不会有栅极电流流过。但栅极的正电压会将其下面 P 区中的空穴推开，而将 P 区中的少子（电子）吸引到栅极下面的 P 区表面。当 U_{GS} 大于 U_T（开启电压或阈值电压）时，栅极下 P 区表面的电子浓度将超过空穴浓度，从而使 P 型半导体反型而成 N 型半导体形成反型层，该反型层形成 N 沟道而使 PN 结 J_1 消失，漏极和源极导电。电压 U_T 称为开启电压，U_{GS} 超过 U_T 越多，导电能力越强，漏极电流 I_D 越大。

与信息电子电路中的MOSFET相比，电力MOSFET多了一个N⁻漂移区（低掺杂N区），这就是用来承受高电压的。不过，电力 MOSFET 是多子导电器件，栅极和 P 区之间是绝缘的，无法像电力二极管和 GTR 那样在导通时靠从 P 区向 N⁻漂移区注入大量的少子形成的电导调制效应来减小通态电压和损耗，因此电力 MOSFET 虽然可以通过增加 N⁻漂移区的厚度来提高承受电压的能力，但由此带来的通态电阻增大和损耗增加也是非常明显的。所以目前一般电力 MOSFET 产品设计的耐压能力都在 1000V 以下。

（二）电力 MOSFET 的基本特性

1.静态特性

漏极电流 I_D 和栅源间电压 U_{GS} 的关系称为 MOSFET 的转移特性，它表示门极电压对漏极电流的控制能力，也即电力MOSFET放大能力，与GTR电流增益 β 相仿。I_D 较大时，I_D 与 U_{GS} 的关系近似线性，曲线的斜率定义为跨导 G_{fs}，即：

$$G_{fs} = \frac{dI_D}{dU_{GS}}$$

$$(2\text{-}14)$$

MOSFET 是电压控制型器件，其输入阻抗极高，输入电流非常小。

由于电力 MOSFET 本身结构所致，在其漏极和源极之间由 P 区、N⁻漂移区和 N⁺区形成了一个与 MOSFET 反向并联的寄生二极管，具有与电力二极管一样的 P-i-N 结构。它与 MOSFET 构成了一个不可分割的整体，使得在漏、源极间加反向电压时器件导通。因此，使用电力 MOSFET 时应注意这个寄生二极管的影响。

电力 MOSFET 的通态电阻具有正温度系数，其对器件并联时的均流有利。

2.动态特性

①开通特性

因为电力 MOSFET 存在输入电容 C_{in}，所以当脉冲电压 U_p 的前沿到来时，C_{in} 有充电过程，栅极电压 U_{GS} 呈指数曲线上升。当 U_{GS} 上升到开启电压 U_T 时，开始出现漏极电流 I_D。从 U_p 前沿时刻到 $U_{GS} = U_T$ 并开始出现 I_D 的时刻这段时间，称为开通延迟时

间 $t_{d(on)}$。此后，I_D 随 U_{GS} 的上升而上升。U_{GS} 从 U_T 上升到 MOSFET 进入非饱和区的栅压 U_{GSP} 的时间段称为上升时间 t_r，此时漏极电流 I_D 已达稳态值，稳态值由漏极电源电压 UE 和漏极负载电阻决定。开通时间 t_{on} 为开通延迟时间与上升时间之和，即 $t_{on}=t_{d(on)}+t_r$。

②关断特性

当 U_P 信号下降为零后，器件开始进入关断过程，输入电容 C_{in} 上的存储电荷将通过驱动信号源的内阻 R_S 和栅极电阻 R_G 放电，使栅极电压 U_{GS} 按指数规律下降，导电沟道随之变窄，直到沟道缩小到预夹断状态（此时栅极电压下降到 U_{GSP}），I_D 电流才开始减少，这段时间称为关断延时时间 $t_{d(off)}$。以后 C_{in} 会继续放电，U_{GS} 继续下降，沟道夹断增长，I_D 亦持续减少，直到 $U_{GS} < U_T$，沟道消失，$I_D=0$，漏极电流从稳定值下降到零所需时间称为下降时间 t_f，关断时间 $t_{off}=t_{d(on)}+t_f$。

从上面的关断过程可以看出，MOSFET 的开关速度和其输入电容的充放电有很大关系。使用者虽然无法降低 C_{in} 的值，但可以降低栅极驱动电路的内阻 R_S，从而减小栅极回路的充放电时间常数，加快开关速度。

通过以上讨论可以看出，由于 MOSFET 只靠多子导电，不存在少子储存效应，因而关断过程非常迅速。MOSFET 的开关时间在 10 ~ 100ns 之间，工作频率可达 100kHz 以上，是主要电力电子器件中最高的。此外，虽然电力 MOSFET 是场控器件，在静态时几乎不需输入电流，但在开关过程中需对输入电容充放电，仍需一定的驱动功率。开关频率越高，所需要的驱动功率越大。

3. 电力 MOSFET 的主要参数

除前面已涉及的跨导 U_{fs}、开启电压 U_T 以及 t_{on}、t_r、t_{off} 和 t_f 之外，电力 MOSFET 还有以下主要参数：

①漏极电压 U_{GS}。这是标称电力 MOSFET 电压定额的参数。

②漏极直流电流 I_D 和漏极脉冲电流幅值 I_{DM}。这是标称电力 MOSFET 电流定额的参数。

③栅源电压 U_{GS}。栅源之间的绝缘层很薄，$|U_{GS}| > 20V$ 将导致绝缘层击穿。

④极间电容。MOSFET 的三个极间分别存在极间电容 U_{GS}、U_{GD} 和 U_{DS}。一般厂家提供的是漏、源极短路时的输入电容 C_{iss}、共源极输出电容 C_{oss} 和反向转移电容 C_{rss}。它们的关系是：

$$C_{iss} = C_{GS} + C_{GD}$$

$$（2-15）$$

$$C_{rss} = C_{GD}$$

$$（2-16）$$

$$C_{oss} = C_{DS} + C_{GD}$$

$$（2\text{-}17）$$

前面提到的输入电容可近似用 C_{iss} 代替。这些电容都是非线性的。

漏源间的耐压、漏极最大允许电流和最大耗散功率决定了电力 MOSFET 的安全工作区。一般来说，电力 MOSFET 不存在二次击穿问题，这是它的一大优点。实际使用中，仍应注意保留适当的裕量。

四、绝缘栅双极晶体管

绝缘栅双极晶体管（Insulated-gate Bipolar Transister，IGBT）是由电力 GTR 和电力 MOSFET 结合而成的复合器件，20 世纪 80 年代初出现，1986 年投入运用并迅速占领市场。

电力 MOSFET 器件是单极型、电压控制型开关器件，因此其通断驱动控制功率小，开关速度快，但通态压降大，难以制成高压大电流开关器件。电力晶体管是双极型（其中电子、空穴两种多数载流子都参与导电）、电流控制型开关器件，因此其通断控制驱动功率大，开关速度不够快，但通态压降低，可制成较高电压和较大电流的开关器件。IGBT 输入控制部分为 MOSFET，输出级为双极结型晶体管，因此兼有 MOSFET 和电力晶体管的优点，即高输入阻抗，电压控制，驱动功率小，开关速度快，工作频率可达到 10 ~ 40kHz（比电力晶体管高），饱和压降低（比 MOSFET 小得多，与电力晶体管相当），电压、电流容量较大，安全工作区域宽。目前 2500 ~ 3000V，800 ~ 1800A 的 IGBT 器件已有产品，可为中、大功率的高频电力电子装置选用。

IGBT 是三端器件，具有栅极 G、集电极 C 和发射极 E。IGBT 比 VDMOSFET 多一层 P^+ 注入区，形成了一个大面积的 P^+N 结 J_1。这样使得 IGBT 导通时由 P^+ 注入区向 N^- 基区发射少子，从而对漂移区电导率进行调制，使得 IGBT 具有很强的通流能力，解决了在电力 MOSFET 中无法解决的 N^- 漂移区追求高耐压与追求低通态电阻之间的矛盾。IGBT 是用双极型晶体管与 MOSFET 组成的达林顿结构，一个由 MOSFET 驱动的厚基区 PNP 晶体管。IGBT 的驱动原理与电力 MOSFET 基本相同，是一种场控器件。其开通和关断是由栅射极电压 U_{GE} 决定的，当 U_{GE} 大于开启电压 $U_{GE(th)}$ 时 MOSFET 内形成沟道，为晶体管提供基极电流使 IGBT 导通。电导调制效应使电阻 R_N 减小，这样高耐压的 IGBT 也具有很小的通态压降。当栅极与发射极间施加反向电压或不加信号时，MOSFET 内的沟道消失，晶体管的基极电流被切断，使得 IGBT 关断。

以上所述 PNP 晶体管与 N 沟道 MOSFET 组合而成的 IGBT 称为 N 沟道 IGBT，记为 N-IGBT。相应的还有 P 沟道 IGBT，记为 P-IGBT。实际当中 N 沟道 IGBT 应用较多，因此下面仍以其为例进行介绍。

（一）IGBT 的静态特性

IGBT 的转移特性是集电极电流 I_c 与栅射电压 U_{GE} 之间的关系，与 MOSFET 转移特性类似。开启电压 $U_{GE(th)}$ 是 IGBT 能实现电导调制而导通的最低栅射电压。$U_{GE(th)}$ 随温度升高而略有下降，温度每升高 1℃，其值下降 5mV。当 U_{GE} 小于开启阈值电压 $U_{GE(th)}$ 时，等效 MOSFET 中不能形成导电沟道，因此 IGBT 处于断态。当 $U_{GE} > U_{GE(th)}$ 后，在 25℃时，$U_{GE(th)}$ 的值一般为 2 ~ 6V。随着 U_{GE} 的增大，I_c 显著上升。实际运行中，外加电压 U_{GE} 的最大值 U_{GEM} 一般不超过 15V，以限制 I_c 不超过 IGBT 的允许值 I_{cm}。IGBT 在额定电流时的通态压降一般为 1.5 ~ 3V。其通态压降常在其电流较大（接近额定值）时具有正的温度系数（I_c 增大时，管压降增大），因此在 IGBT 并联使用时 IGBT 器件具有电流自动调节均流的能力，这就使多个 IGBT 易于并联使用。

IGBT 输出特性（也称为伏安特性）是以栅射电压 U_{GE} 为参考变量时，集电极电流 I_c 与集射极间电压 U_{CE} 间的关系。IGBT 的输出特性分为三个区域：正向阻断区、有源区和饱和区。此外，当 $U_{GE} < 0$ 时，IGBT 为反向阻断工作状态。在电力电子电路中，IGBT 工作在开关状态，因而是在正向阻断区和饱和区之间来回转换。

（二）IGBT 的动态特性

IGBT 的开通过程与电力 MOSFET 的很相似，这是因为 IGBT 在开通过程中大部分时间是作为 MOSFET 来运行的。从驱动电压 U_{GE} 的前沿上升至其幅值 10% 的时刻，到集电极电流 I_c 上升至其幅值 10% 的时刻，这段时间为开通延迟时间 $t_{d(on)}$。而 I_c 从 10% I_{cm} 上升至 90% I_{cm} 所需时间为电流上升时间 t_r，开通时间 t_{on} 为开通延迟时间与电流上升时间之和。在这两个时间内，集射极间电压 U_{CE} 基本不变。此后，U_{CE} 开始下降，下降时间 t_{fv1} 是 MOSFET 工作时漏源电压下降时间，t_{fv2} 是 MOSFET 和 PNP 晶体管同时工作时漏源电压下降时间。由于 U_{CE} 下降时 IGBT 中 MOSFET 的栅漏电容增加，而且 IGBT 中 PNP 晶体管由放大状态转入饱和状态也需要一个过程，因此 t_{fv2} 段电压下降过程变缓。只有在 t_{fv2} 段结束时，IGBT 才完全进入饱和状态。

IGBT 关断时，在外施栅极反向电压作用下，MOSFET 输入电容放电，内部 PNP 晶体管仍然导通，在最初阶段里，关断的延迟时间 $t_{d(off)}$ 由 IGBT 中的 MOSFET 决定。关断延迟时间是指从驱动电压 U_{GE} 的脉冲后沿下降到其幅值的 90% 时刻起，到集电极电流下降至 90% I_{cm} 的时间。关断时 IGBT 和 MOSFET 的主要差别是电流波形分为 t_{fi1} 和 t_{fi2} 两部分，其中，t_{fi1} 由 MOSFET 决定，对应于 MOSFET 的关断过程；t_{fi2} 由 PNP 晶体管中存储电荷所决定。因为在 t_{fi1} 末尾 MOSFET 已关断，IGBT 又无反向电压，体内的存储电荷难以被迅速消除，所以漏极电流有较长的下降时间。而此时漏源电压已建立，过长的下降时间会产生较大的功耗，使结温增高，所以希望下降时间越短越好。

可以看出，IGBT 中双极型 PNP 晶体管的存在，虽然带来了电导调制效应的好处，但也引入了少子储存现象，因而 IGBT 的开关速度低于电力 MOSFET。此外，IGBT 的击穿电压、通态压降和关断时间也是需要折中的参数。高压器件的 N 基区必须有足够宽度和较高电阻率，这会引起通态压降增大和关断时间延长。

还应该指出的是，同电力 MOSFET 一样，IGBT 的开关速度受其栅极驱动电路内阻的影响，其关断过程中波形和时序的许多重要细节（如 IGBT 所承受的最大电压和电流、器件能量损耗等）也受到主电路结构、控制方式、缓冲电路以及主电路寄生参数等条件的影响，在设计采用这些器件的实际电路时都应该加以注意。

（三）IGBT 的主要参数

除了前面提到的各参数外，IGBT 还包括以下主要参数：

①最大集射极间电压 U_{CFS}。这是由器件内部PNP晶体管所能承受的击穿电压所确定的。

②最大集电极电流。包括额定直流电流 I_c 和 1ms 脉宽最大电流 I_{cP}。

③最大集电极功耗 P_{cm}。在正常工作温度下允许的最大耗散功率。

IGBT 的特性和参数特点如下：

① IGBT 开关速度高，开关损耗小。有关资料表明，在电压 1000V 以上时，IGBT 的开关损耗只有 GTR 的 1/10，与电力 MOSFET 相当。

②在相同电压和电流定额时，IGBT 的安全工作区比 GTR 大，而且具有耐脉冲电流冲击能力。

③ IGBT 的通态压降比 VDMOSFET 低，特别是在电流较大的区域。

④ IGBT 的输入阻抗高，输入特性与 MOSFET 类似。

⑤在保持开关频率高的特点的同时，IGBT 的耐压和通流能力还可以进一步提高。

（四）IGBT 的擎住效应和安全工作区

IGBT 的内部寄生着一个 NPN^+ 晶体管，此晶体管与作为主开关器件的 P^+NP^- 晶体管组成了寄生晶闸管。在 NPN 型晶体管的基极与发射极之间有一个体区电阻 R_{br}。在该电阻上，P 区的横向电流会产生一定压降，对 NPN 型晶体管来说，相当于在 NPN 基射极加一个正向偏置电压。在规定的集电极电流范围内，这个正偏压不大，NPN型晶体管不起作用。当集电极电流大到一定程度时，这个正偏置电压足以使 NPN 型晶体管导通，进而使 NPN 型和 PNP 型晶体管互锁，进入饱和状态，于是寄生晶闸管开通，门极失去控制作用，这就是擎住效应或自锁效应。发生擎住效应后，集电极电流增大造成过高的功耗，最后导致器件损坏。产生擎住效应的原因如下：

①集电极电流有一个临界值 I_{cm}，集电极通态连续电流大于此值后 IGBT 即会产生擎住效应。这种现象称为静态擎住效应。

② IGBT 在关断时，内部 MOSFET 的关断十分迅速，IGBT 总电流很快下降，在主电路的分布电感上会产生很高的电压加在 IGBT 的集射极上，使 IGBT 承受很高的电压上升率 dU_{CE}/dt，该电压上升率在 IGBT 的 J_2 结电容上产生充电电流（即位移电流）$C_{J2}dU_{CE}/dt$。当位移电流流过电阻 R_{br} 时，可产生足以使 NPN 型晶体管开通的正向偏置电压，使寄生晶闸管满足开通的条件而产生擎住现象。这种现象称为动态擎住效应。动态擎住效应比静态擎住效应所允许的集电极电流还要小，因此制造厂家所规定的 I_{cm} 值是按动态擎住所允许的最大集电极电流而确定的。

③温度升高也会加重 IGBT 发生擎住现象的危险。有资料表明，当器件结温升高时，产生擎住效应所需要的集电极电流会有显著下降。

擎住效应曾经限制 IGBT 电流容量的提高，随着工艺制造水平的提高，自 20 世纪 90 年代中后期开始得到逐步解决。为了避免 IGBT 发生擎住现象，设计电路时应保证 IGBT 中的电流不超过 I_{cm} 值。

开通和关断时，IGBT 均具有较宽的安全工作区。其正偏安全工作区由最大集电极电流、最大集射极间电压和最大集电极功耗确定。正偏安全工作区与 IGBT 的导通时间密切相关，导通时间很短时，正偏安全工作区为矩形方块，随着导通时间的增加，安全工作区逐步减小。直流工作的安全工作区最小。

反向偏置安全工作区由最大集电极电流、最大集射极间电压和最大允许电压上升率 dU_{CE}/dt 确定。电压上升率 dU_{CE}/dt 越大，安全工作区越小，因为过高的 dU_{CE}/dt 会使 IGBT 导通，产生动态擎住效应。

此外，为满足实际电路的要求，IGBT 往往与反并联的快速二极管封装在一起制成模块，成为逆导器件，选用时要加以注意。

五、其他新型全控型器件和模块

（一）MOS 控制晶闸管（MCT）

MCT（MOS Controlled Thyristor）是将 MOSFET 与晶闸管组合而成的复合型器件。MCT 将 MOSFET 的高输入阻抗、低驱动功率、快速的开关过程与晶闸管的高电压、大电流、低导通压降的特点结合起来，也是 Bi-MOS 器件的一种。一个 MCT 器件由数以万计的 MCT 元件组成，每个元件的组成包括：一个 PNPN 晶闸管、一个控制该晶闸管开通的 MOSFET 和一个控制该晶闸管关断的 MOSFET。

MCT 具有高电压、大电流、高载流密度和低通态压降的特点，其通态压降只有 GTR 的 1/3 左右，硅片的单位面积连续电流密度在各种器件中是最高的。另外，MCT 可承受极高的 di/dt 和 du/dt，使得其保护电路可以简化。MCT 的开关速度超过 GTR，开关损耗也小。

总之，MCT 曾一度被认为是一种最有发展前景的电力电子器件，因此 20 世纪 80 年代以来一度成为研究的热点。但经过十多年的努力，其关键技术问题没有大的突破，电压和电流容量都远未达到预期的数值，未能投入实际应用。

（二）静电感应晶体管（SIT）

SIT（Static Induction Transistor）诞生于 1970 年，实际上是一种结型场效应晶体管。将用于信息处理的小功率 SIT 器件的横向导电结构改为垂直导电结构，即可制成大功率的 SIT 器件。SIT 是一种多子导电的器件，其工作频率与电力 MOSFET 相当，甚至超过电力 MOSFET，而功率容量也比电力 MOSFET 大，因而适用于高频大功率场合，目前已在雷达通信设备、超声波功率放大、脉冲功率放大和高频感应加热等专业领域获得了较多应用。

但是 SIT 在栅极不加任何信号时是导通的，而栅极加负偏压时关断，被称为正常导通型器件，使用不太方便；此外，SIT 通态电阻较大，使得通态损耗也大。SIT 可以做成正常关断型器件，但通态损耗将更大，因而 SIT 还未得到广泛应用。

（三）静电感应晶闸管（SITH）

SITH（Static Induction Thyristor）诞生于 1972 年，是在 SIT 的漏极层上附加一层与漏极层导电类型不同的发射极层而得到的，就像 IGBT 可以看作由电力 MOSFET 与 GTR 复合而成的器件一样，SITH 也可以看作由 SIT 与 GTO 复合而成。因为其工作原理也与 SIT 类似，门极和阳极电压均能通过电场控制阳极电流，因此 SITH 又被称为场控晶闸管（FildControlled Thyristor，FCT）。由于比 SIT 多了一个具有少子注入功能的 PN 结，因而 SITH 本质上是两种载流子导电的双极型器件，具有电导调制效应，通态压降低，通流能力强。其很多特性与 GTO 类似，但开关速度比 GTO 高得多，是大容量的快速器件。

SITH 一般也是正常导通型，但也有正常关断型；此外，其制造工艺比 GTO 复杂得多，电流关断增益较小，因而其应用范围还有待拓展。

（四）集成门极换流晶闸管（IGCT）

IGCT（Intergrated Gate-Commutated Thyristor）即集成门极换流晶闸管，有的厂家也称为 GCT，是 20 世纪 90 年代后期出现的新型电力电子器件。IGCT 实质上是将一个平板型 GTO 与由很多个并联的电力 MOSFET 器件和其他辅助元件组成的 GTO 门极驱动电路，采用精心设计的互联结构和封装工艺集成在一起。IGCT 的容量与普通的 GTO 相当，但开关速度比普通的 GTO 快 10 倍，而且可以简化普通 GTO 应用时庞大而复杂的缓冲电路，只不过其所需的驱动功率仍然很大。在 IGCT 产品刚推出的几年中，由于其电压和电流容量大于 IGBT 的水平而受到关注，但 IGBT 的电压和电流容量很快赶了上来，而且市场上一直只有个别厂家能提供 IGCT 产品，因此 IGCT 已逐渐被 IGBT 取代。

（五）基于宽禁带半导体材料的电力电子器件

到目前为止，硅材料一直是电力电子器件所采用的主要半导体材料。其主要原因是人们早已掌握了低成本、大批量制造、大尺寸、低缺陷、高纯度的单晶硅材料的技术以及随后对其进行半导体加工的各种工艺技术，人类对硅器件不断研究和开发的投入也是巨大的。但是硅器件的各方面性能已随其结构设计和制造工艺的完善而接近其由材料特性决定的理论极限，很多人认为依靠硅器件继续完善和提高电力电子装置与系统性能的潜力已十分有限，因此将越来越多的注意力投向基于宽禁带半导体材料的电力电子器件。

我们知道，固体中电子的能量具有不连续的量值，电子都分布在一些相互之间不连续的能带上。价电子所在能带与自由电子所在能带之间的间隙称为禁带或带隙，所以禁带的宽度实际上反映了被束缚的价电子要成为自由电子所必须额外获得的能量。硅的禁带宽度为 1.2eV，而宽禁带半导体材料是指禁带宽度在 3.0eV 及以上的半导体材料，典型的是碳化硅（SiC）、氮化镓（GaN）、金刚石等材料。

通过对半导体物理知识的学习可以知道，由于其有比硅宽得多的禁带宽度，宽禁带半导体材料一般都具有比硅高得多的临界雪崩击穿电场强度和载流子饱和漂移速度、较高的热导率和相差不大的载流子迁移率，因此基于宽禁带半导体材料的电力电子器件将具有比硅器件高得多的耐受高电压的能力，许多方面的性能都是数量级的提高。但是宽禁带半导体器件的发展一直受制于材料的提炼和制造，以及随后半导体制造工艺的困难。

直到 20 世纪 90 年代，碳化硅材料的提炼和制造技术以及随后的半导体制造工艺才有所突破，到 21 世纪初推出了基于碳化硅的肖特基二极管，性能全面优于普通肖特基二极管，因而迅速在有关的电力电子装置中应用，其总体效益远远超过这些器件与硅器件之间的价格差异造成的成本增加。氮化镓的半导体制造工艺自 20 世纪 90 年代以来也有所突破，因而也已可以在其他材料衬底的基础上实施加工工艺制造相应的器件。由于氮化镓器件具有比碳化硅器件更好的高频特性而较受关注。金刚石在这些宽禁带半导体材料中性能是最好的，很多人称之为最理想的或最具发展前景的电力半导体材料。但是金刚石材料提炼和制造以及随后的半导体制造工艺也是最困难的，目前还没有有效的办法。距离基于金刚石材料的电力电子器件产品的出现还有很长的路要走。

（六）功率模块与功率集成电路

功率集成电路（Power Integrated Circuit），PIC 是电力电子技术与微电子技术相结合的产物，是将电力电子器件与逻辑、控制、保护、传感、检测、自诊断等功能的信息电子电路制作在同一芯片上的集成电路。

PIC 可分为两类：一类是高压集成电路（High Voltage PIC，HVPIC），它是横向高压器件与逻辑或模拟控制电路的单片集成；另一类是智能功率集成电路 HVPIC（Smart Power IC，SPIC），它是纵向功率器件与逻辑或模拟控制电路以及传感器、保护电路的单片集成。另外，还有一类是智能功率模块（Intelligent Power Module，IPM），它专指 IGBT 及其辅助器件与其保护和驱动电路的单片集成，也称智能 IGBT（Intelligent IGBT）。

当前 PIC 的开发和研究主要着重于中小功率应用，如电视机、音响等家用电器，计算机、复印机等办公设备，汽车、飞机等交通工具，大面积荧光屏显示和机器人中的电力变换及控制等。PIC 的工作电压目前为 1200V 以下，工作电流通常为 100A 以内。

从电流、电压容量来分，PIC 可分成三个应用领域：

①低压大电流PIC，它主要用于汽车点火、开关电源、线性稳压电源、同步发电机等；

②高压小电流 PIC，它主要用于平板显示、交换机等；

③高压大电流 PIC，它主要用于电机控制、家用电器等。

由于集成电路体积小，高低压电路的绝缘问题以及温升和散热问题成了制约其发展的瓶颈。许多电力电子器件生产厂家和科研机构都投入有关的研究和开发中，最近几年获得了迅速发展。

PIC 由于实现了集成电路功率化、功率器件集成化，使功率流与信息流相统一，因此成为机电一体化的接口。目前最新的智能功率模块产品已大量用于电机驱动、汽车电子乃至高速子弹列车牵引这样的大功率场合。

第六节　电力电子器件的驱动和保护

一、电力电子器件的驱动

（一）概述

在电气设备或电力系统中，直接承担电能的变换或控制任务的电路称为主电路。电力电子器件是指可直接用于处理电能的主电路中实现电能变换或控制的电子器件。控制电路是指产生控制电力电子器件的开通和关断信号的电路，一般控制电路产生的信号驱动能力不够，不能直接与电力电子器件的控制端相连，需要通过驱动电路、隔离和保护电路后才能连接到电力电子器件的控制端。本节主要讨论各种电力电子器件的驱动和保护电路的拓扑结构及工作原理。

电力电子器件的驱动电路是电力电子主电路与控制电路之间的接口，是电力电子装置的重要环节，对整个装置的性能有很大的影响。采用性能良好的驱动电路，可使电力电子器件工作在较理想的开关状态，缩短开关时间，减小开关损耗，对装置的运行效率、可靠性和安全性都有重要的意义。另外，对电力电子器件或整个装置的一些保护措施也往往设在驱动电路中，或通过驱动电路实现，这使得驱动电路的设计更为重要。

驱动电路的基本任务就是将控制电路（一般由信息电子电路构成）传来的信号按要求转换为可以使电力电子器件开通或关断的信号。驱动电路输出的信号一般施加在电力电子器件控制端和公共端之间，对半控型器件只须提供开通控制信号；对全控型器件则既要提供开通控制信号，又要提供关断控制信号，以保证器件按要求可靠导通和关断。

驱动电路还要提供控制电路与主电路之间的电气隔离环节。一般采用光隔离或磁隔离。光隔离一般采用光耦合器。光耦合器由发光二极管和光敏晶体管组成，封装在一个外壳内，其类型有普通、高速和高传输比三种。普通型光耦合器的输出特性和晶体管相似，只是其电流传输比 I_c / I_D 比晶体管的电流放大倍数 β 小得多，一般只有 0.1 ~ 0.3。高传输比光耦合器 I_c / I 要大得多。普通型光耦合器的响应时间为 $10\,\mu s$ 左右。高速光耦合器的光敏二极管流过的是反向电流，其响应时间小于 $1.5\,\mu s$。磁隔离的元件通常是脉冲变压器。当脉冲较宽时，为避免铁芯饱和，常采用高频调制和解调的方法。

按照驱动电路加在电力电子器件控制端和公共端之间信号的性质，可以将电力电子器件分为电流驱动型和电压驱动型两类。晶闸管虽然属于电流驱动型器件，但它是半控型器件，因此下面将单独讨论其驱动电路。晶闸管的驱动电路常称为触发电路。对典型的全控型器件 GTO、GTR、电力 MOSFET 和 IGBT，则将按电流驱动型和电压驱动型分别讨论。

应该说明的是，驱动电路的具体形式可以是分立元件构成的驱动电路，但对一般的电力电子器件使用者来讲最好是采用由专业厂家或生产电力电子器件的厂家提供的专用驱动电路，其形式可能是集成驱动电路芯片，可能是将多个芯片和器件集成在内的带有单排直插引脚的混合集成电路，对大功率器件来讲还可能是将所有驱动电路都封装在一起的驱动模块。而且为了达到参数的优化配合，一般应首先选择所用器件生产厂家专门开发的集成驱动电路。当然，即使是采用成品的专用驱动电路，了解和掌握各种驱动电路的基本结构和工作原理也是很有必要的。

晶闸管触发电路的作用是产生符合要求的门极触发脉冲，保证晶闸管在需要的时刻由阻断转为导通。晶闸管触发电路应满足下列要求：

①触发脉冲的宽度应保证晶闸管可靠导通（结合擎住电流的概念），对感性和反电动势负载的变流器应采用宽脉冲或脉冲列触发，对变流器的启动，双星形带平衡电抗器电路的触发脉冲应宽于30°，三相全控桥式电路应宽于60°或采用相隔60°的双窄脉冲。

②触发脉冲应有足够大的幅值，对户外寒冷场合，脉冲电流的幅度应增大为器件最大触发电流 I_{GT} 的 3 ~ 5 倍，脉冲前沿的陡度也需要增加，一般须达 1 ~ $2A/\mu s$。

③所提供的触发脉冲不超过晶闸管门极电压、电流和功率定额，且在门极伏安特性的可靠触发区域之内。

④应有良好的抗干扰性能、温度稳定性及与主电路的电气隔离。

（二）全控型器件的驱动

1.GTO 的驱动电路

GTO 的开通控制与普通晶闸管相似，但对脉冲前沿的幅值和陡度要求高，且一般须在整个导通期间施加正门极电流。关断 GTO 须施加负门极电流，对其幅值和陡度的要求更高，幅值须达阳极电流的 1/3 左右，陡度须达 50A/μs，强负脉冲宽度约 30μs，负脉冲总宽约 100μs，关断后还应在门阴极施加约 5V 的负偏压以提高抗干扰能力。

GTO 一般用于大容量电路的场合，其驱动电路通常包括开通驱动电路、关断驱动电路和门极反偏电路三部分，可分为脉冲变压器耦合式和直接耦合式两种类型。直接耦合式驱动电路可避免电路内部的相互干扰和寄生振荡，可得到较陡的脉冲前沿，但其功耗大，效率较低。

2.GTR 的驱动电路

使 GTR 开通的基极驱动电流应使其处于准饱和导通状态，使之不进入放大区和深饱和区。关断 GTR 时，施加一定的负基极电流有利于减小关断时间和关断损耗，关断后同样应在基射极之间施加一定幅值（6V 左右）的负偏压。GTR 驱动电流的前沿上升时间应小于 1μs，以保证它能快速开通和关断。

3.MOSFET 的驱动电路

电力 MOSFET 和 IGBT 是电压驱动型器件。电力 MOSFET 的栅源极间和 IGBT 的栅射极间有数千皮法的极间电容，为快速建立驱动电压，要求驱动电路具有较小的输出电阻。使电力 MOSFET 开通的栅源极间驱动电压一般取 10 ~ 15V，使 IGBT 开通的栅射极间驱动电压一般取 15 ~ 20V。同样，关断时施加一定幅值的负驱动电压（一般取 -15 ~ -5V）有利于减小关断时间和关断损耗。在栅极串入一个低值电阻（数十欧）可以减小寄生振荡，该电阻阻值应随被驱动器件电流额定值的增大而减小。

4.IGBT 的驱动电路

IGBT 的驱动多采用专用的混合集成驱动器。同一系列的不同型号，其引脚和接线基本相同，只是适用被驱动器件的容量和开关频率以及输入电流幅值等参数有所不同。

二、电力电子器件的保护

电力电子器件的保护分为过电压保护、过电流保护、$\mathrm{d}u/\mathrm{d}t$ 保护、$\mathrm{d}i/\mathrm{d}t$ 保护等几

方面。

电力电子装置中可能发生的过电压分为外因过电压和内因过电压两类。

（一）外因过电压

外因过电压主要来自系统中的操作过程和雷击等外部原因，包括以下两种。

I. 操作过电压

由分闸、合闸等开关操作引起的过电压，电网侧的操作过电压会由供电变压器电磁感应耦合，或由变压器绕组之间存在的分布电容静电感应耦合过来。

2. 雷击过电压

雷击过电压是指由雷击引起的过电压。

（二）内因过电压

内因过电压主要来自电力电子装置内部器件的开关过程，包括换相过电压和关断过电压两种。

I. 换相过电压

晶闸管或与全控型器件反并联的续流二极管由于在换相结束后不能立刻恢复阻断能力，因而有较大的反向电流流过，使残存的载流子恢复。当恢复了阻断能力时，该反向电流急剧减小，这样的电流突变会因线路电感在器件两端感应出过电压。

2. 关断过电压

全控型器件在较高频率下工作，当器件关断时，因正向电流迅速降低而由线路电感在器件两端感应出过电压。

电力电子电路运行不正常或者发生故障时，可能会发生过电流。过电流分过载和短路两种情况。一般电力电子装置均同时采用几种过电流保护措施，以提高其可靠性和合理性。在选择各种保护措施时应注意相互协调。通常，电子电路作为第一保护措施，快速熔断器仅作为短路时的部分区段的保护，直流快速断路器整定在电子电路动作之后实现保护，过电流继电器整定在过载时动作。

快速熔断器是电力电子装置中最有效、应用最广的一种过电流保护措施。在选择快速熔断器时应考虑：

①电压等级应根据熔断后快速熔断器实际承受的电压来确定。

②电流容量按其在主电路中的接入方式和主电路连接形式确定。快速熔断器一般与电力半导体器件串联连接，在小容量装置中也可串联接于阀侧交流母线或直流母线中。

③快速熔断器的 I^2t 值应小于被保护器件的允许 I^2t 值。

④为保证熔体在正常过载情况下不熔化，应考虑其时间 - 电流特性。

快速熔断器对器件的保护方式可分为全保护和短路保护两种。全保护是指不论过载还是短路均由快速熔断器进行保护，此方式只适用于小功率装置或器件使用裕度较大的场合。短路保护方式是指快速熔断器只在短路电流较大的区域内起保护作用，此方式下需要与其他过电流保护措施相配合。快速熔断器电流容量的具体选择方法要参考有关的工作手册。

对一些重要的且易发生短路的晶闸管设备，或者工作频率较高、很难用快速熔断器保护的全控型器件，须采用电子电路进行过电流保护。除了对电动机启动的冲击电流等变化较慢的过电流可以利用控制系统本身调节器对电流的限制作用以外，须设置专门的过电流保护电子电路，检测到过电流之后直接调节触发或驱动电路，或者关断被保护器件。

此外，应在全控型器件的驱动电路中设置过电流保护环节，这对器件过电流的响应最快。

缓冲吸收电路又称为吸收电路，其作用是抑制电力电子器件的内因过电压、du/dt、过电流和 di/dt，减小器件的开关损耗。

吸收电路的基本原理就是在主开关器件所在回路上并联容性支路及串联感性元件，利用电容两端电压不能突变的特性承受电流的突然下降，在主开关器件关断时提供一条分流路径，使主开关器件避免承受由于主电路电流的突然下降而在寄生电感上引起的过电压，在主开关器件电流下降期间维持其端电压在零附近，实现零电压自然关断。

在器件导通期间，缓冲电路抑制电流 I_C 的增加，当电压 U_{CE} 下降到一定程度时，电流 I_C 开始快速增大。

在器件关断期间，缓冲电路抑制电压 U_{CE} 的上升，当电流 I_C 快速下降到一定程度时，U_{CE} 开始快速上升。

缓冲电路可分为关断缓冲电路和开通缓冲电路。关断缓冲电路(又称为 du/dt 抑制电路)用于吸收器件的关断过电压和换相过电压，抑制 du/dt，减少器件的关断损耗。开通缓冲电路（又称为 di/dt 抑制电路 ）用于抑制器件开通时的电流过冲和 di/dt，减少器件的开通损耗。可将关断缓冲电路和开通缓冲电路结合在一起，称为复合缓冲电路。还可以用其他的分类法：如果缓冲电路能将其储能元件的能量消耗在其吸收电阻上，则称为耗能式缓冲电路；如果缓冲电路能将其储能元件的能量回馈给负载或电源，则称为馈能式缓冲电路或无损吸收电路。

如无特别说明，通常所称的缓冲电路专指关断缓冲电路，将开通缓冲电路叫作 di/dt 抑制电路。开通缓冲电路主要是利用电感来抑制主开关器件中电流的上升率，以此来减少主开关器件损耗。由于电路连线的杂散电感可起到开通缓冲的作用，所以在下面的电路中我们不区分杂散电感和缓冲电感。但是这个开通缓冲电感在主开关器件关断时会产生很大的冲击电压，所以必须配合关断缓冲电路使用。

最简单的关断缓冲电路是在主开关器件两端并联一个电容，用来抑制主开关器件两端的电压变化，降低尖峰过电压。但是这样在主开关器件导通过程中电容短路，会产生很大的电流冲击，所以可以与电容串联一个电阻来减小这个电流冲击，同时却又降低了关断缓冲的效果，所以一般在电阻上并联一个二极管，就构成了充放电式单端 RCD 缓冲电路。

缓冲电路作用分析：

在无缓冲电路的情况下，绝缘栅双极晶体管 V 开通时电流迅速上升，di/dt 很大，关断时 du/dt 很大，并出现很高的过电压。在有缓冲电路的情况下，V 开通时缓冲电容 C_s 先通过 R_s 向 V 放电，使电流 i_c 有小幅上升，以后因有 di/dt 抑制电路的 L_i、i_c 上升速度减慢。R_i、VD_i 是为 V 关断时 L_i 中的磁场能量提供放电回路而设置的。V 关断时，负载电流通过 VD_s 向 C_s 分流，R_s 电阻被短路，减轻了 V 的负担，抑制了 du/dt 和过电压。因为关断时电路中电感的能量要释放，所以还会出现一定的过电压。

在一个开关周期内，电容 C_s 充放电一次。电容 C_s 上的能量全部消耗在电阻 R_s 上，所以这种电路的损耗正比于开关频率，因而限制了它的应用。

缓冲电路中的元件选取及其他注意事项：缓冲电容 C_s 和吸收电阻 R_s 的取值可通过实验方法确定或参考工程手册。吸收二极管 VD_s 必须选用快恢复二极管，其额定电流不小于主电路器件的 1/10。此外，应尽量减小线路电感，且应选用内部电感小的吸收电容。在中小容量场合，若线路电感较小，可只在直流侧总的设一个 du/dt 抑制电路，对 IGBT 甚至可以仅并联一个吸收电容。

晶闸管在实用中一般只承受换相过电压，没有关断过电压问题，关断时也没有较大的 du/dt，一般采用 RC 吸收电路即可。

三、电力电子器件的串、并联

电力电子器件串联和并联是为了提高器件的电压和电流容量。单个电力电子器件能承受的正、反向电压是一定的，能通过的电流大小也是一定的，因此由单个电力电子器件组成的电力电子装置容量也受到限制。几个电力电子器件串联或并联连接形成的组件，其耐压和通流的能力可以成倍地提高，这样就大大地增加了电力电子装置的容量。

同型号的电力电子器件串联时，总希望各元件能承受同样的正、反向电压；并联时，则希望各元件能分担同样的电流。但由于电力电子器件特性的差异性（分散性），即使相同型号规格的电力电子器件，其静态和动态伏安特性亦不相同，所以串、并联时，各器件并不能完全均匀地分担电压和电流。串联时，承受电压最高的电力电子器件最易击穿。一旦击穿损坏，它原来所承担的电压又加到其他器件上，可能造成其他元件的过压损坏。并联时，承受电流最大的电力电子器件最易过流，一旦损坏后，它原来所承担的电流又加到其他元件上，可能造成其他元件的过流损坏，所以在电力电子器件串、并联时，应着重考虑串联时器件之间的均压问题和并联时器件之间的均流问题。

（一）晶闸管串联均压问题

单只晶闸管的电压值小于电路中实际承受的电压值时，须采用两只或多只电力电子器件串联连接。两个晶闸管串联，在同一漏电流 I_R 下所承受的正向电压是不同的。若外加电压继续升高，则承受电压高的器件将首先达到转折电压而导通，之后另一个器件因承担全部电压也导通，两个器件都失去控制作用。同理，反向时，因伏安特性不同而不均压，可能使其中一个器件先反向击穿，另一个随之击穿。这种由于器件阻断状态下漏电阻不同而造成的电压分配不均问题称为静态不均压问题。由于器件开通时间和关断时间不一致，引起的电压分配不均匀属动态均压问题。以晶闸管的串联为例，通常采用的均压措施有以下四种。

①尽量采用特性一致的元器件进行串联。在安装前，按制造厂提供的测试参数进行选配，或通过用仪器测试，然后按特性进行选配。

②器件并联均压电阻 R_P。如果不加 R_P，当晶闸管阻断时，每只晶闸管所承担的电压与该晶闸管阻断时正向或反向漏电阻的大小成反比。由于晶闸管特性的各异性，不同晶闸管的漏电阻可能有较大的差别，导致各晶闸管承担的电压大小也有很大不同。并联 R_P 后，因 R_P 比晶闸管漏电阻小得多，且每只晶闸管并联的 R_P 相等，所以各晶闸管承担的电压大小也近似相等。

R_P 的阻值一般取晶闸管正、反向的漏电阻的 1/5 ～ 1/3。取得太大，均压效果差；取得太小，则电阻 R_P 上损耗的功率增加。

③电力电子器件的驱动电路应保证所有串联的器件同时导通和同时关断，否则将会产生某器件的过压损坏。如果 VT_1 已导通，而 VT_2 尚未导通，则原来由 VT_1 和 VT_2 共同承担的电压全部加到 VT_2 上，导致 VT_2 的过压损坏；在由导通变为关断时，也可导致先关断晶闸管的过压损坏。这就要求驱动电路除了保证各串联器件的驱动信号在时间上完全同步外，信号的前沿应陡，幅度应足够大，促使器件尽量同时开通和关断。

④采用动态均压电路。采用与器件并联的阻容元件 R、C 能有效地减少这些过压。其工作原理是利用电容器电压不能突变的性质来减缓电力电子器件上的电压变化速度，实现动态均压。电阻 R 用于抑制电路的振荡并限制电容通过器件放电时的电流。器件并联的阻容元件 R、C 除了有动态均压作用外，在某些情况下还具有过压保护等功能，在电路设计中须统一考虑。

（二）晶闸管并联均流问题

单个电力电子器件的电流容量不足以承受电路中实际电流时，须并联两只或多只器件。以晶闸管为例，并联方式有多种。电力电子器件并联时，由于器件导通状态下各器件的正向压降的差异而引起的电流分配不均匀属于静态均流问题；由于器件开通时间和关断时间的差异引起的电流分配不均匀属于动态均流问题。晶闸管并联使用时，必须采取适当的均流措施。通常采用的均流措施有以下五种。

①尽量采用特性一致的元器件进行并联。

②安装时尽量使各并联器件具有对称的位置。

③用门极强脉冲触发，这是缩小晶闸管开通延迟时间差别的有效方法。

④器件串联均流电阻。利用电阻 R 上的电流压降达到各支路之间的均流。这种方法结构简单，静态均流效果较好，但电阻上功率损耗大，一般只用于小容量电力电子装置。

⑤采用器件串联电抗器均流。用电抗器电压降达到动态均流的目的并抑制稳态不均流现象，均流效果较好。此外，采用均流电互感器也是一种有效的手段。当需要同时串联和并联晶闸管时，通常采用先串后并的方法连接。

（三）电力 MOSFET 和 IGBT 并联运行的特点

电力 MOSFET 的通态电阻 R_{on} 具有正温度系数，并联使用时具有一定的电流自动均衡的能力，因而容易并联使用。但也要注意选用通态电阻 R_{on}、开启电压 U_T、跨导 G_{fs} 和输入电容 C_{iss} 尽量相近的器件并联；并联 MOSFET 及其驱动电路的走线和布局应尽量对称，散热条件也要尽量一致；为了更好地动态均流，有时可在源极电路中串入小电感，起到均流电抗器的作用。

IGBT 的通态压降一般在 1/2 或 1/3 额定电流以下的区段具有负的温度系数，通态压降具有负的温度系数，在 1/2 或 1/3 额定电流以上的区段则具有正温度系数，因而 IGBT 在并联使用时也具有一定的电流自动均衡能力，与电力 MOSFET 类似，易于并联。当然，不同的 IGBT 产品其正、负温度系数的具体分界点不一样。实际并联使用 IGBT 时，在器件参数和特性选择、电路分布和走线、散热条件等方面也应尽量一致。不过，近年来许多厂家宣称最新的 IGBT 产品的特性一致性非常好，并联使用时只要是同型号和批号的产品都不必再进行特性一致性挑选。

第三章　单相可控整流电路

第一节　单相半波可控整流电路

一、电阻性负载电路波形的分析

（一）电路结构

电炉、白炽灯等均属于电阻性负载，如果负载是纯电阻，那么流过电阻里的电流与电阻两端电压始终同相位，两者波形相似；电流与电压均允许突变。

单相半波阻性负载可控整流电路，主电路由晶闸管 VT、负载电阻 R_d 及单相整流变压器 T_r 组成。整流变压器二次电压、电流有效值下标用 2 表示，电路输出电压电流平均值下标用 d 表示，交流正弦电压波形的横坐标为电角度 ωt。

（二）电阻性负载的波形分析

在交流电 u_2 一个周期内，用 ωt 坐标点将波形分为三段，即 $\omega t_0 \sim \omega t_1$、$\omega t_1 \sim \omega t_2$、$\omega t_2 \sim \omega t_3$，下面逐段对波形进行分析：

①当 $\omega t = \omega t_0$ 时，交流侧输入电压 u_2 瞬时值为零，即 $u_2 = 0$；晶闸管门极没有触发电压 u_g，即 $u_g = 0$。晶闸管 VT 不导通，即 $i_T = i_d = 0$；直流侧负载电阻 R_d 没有电流通过，也就没有压降，即 $u_d = 0$；晶闸管 VT 不承受电压，即 $u_T = 0$。

②当 $\omega t_0 < \omega t < \omega t_1$ 时，交流侧输入电压 u_2 瞬时值大于零，即 $u_2 > 0$，电源电压 u_2 处于正半周期，晶闸管 VT 承受正向阳极电压，但此段晶闸管 VT 门极仍然没有触发电压 u_g，即 $u_g = 0$。晶闸管 VT 不导通，即 $i_T = i_d = 0$；直流侧负载电阻 R_d 没有压降，即 $u_d = 0$；晶闸管承受电源正压，即 $u_T = u_2 > 0$。

③当 $\omega t = \omega t_1$ 时，交流侧输入电压 u_2 瞬时值大于零，即 $u_2 > 0$，电源电压 u_2 处于正半周期，晶闸管 VT 承受正向阳极电压，此时晶闸管 VT 门极有触发电压 u_g，即 $u_g > 0$。

晶闸管 VT 导通，即 $i_T = i_d > 0$；直流侧负载电阻 R_d 产生压降，即 $u_d = u_2 > 0$；晶闸管通态压降近似为零，即 $u_T = 0$。

④当 $\omega t_1 < \omega t < \omega t_2$ 时，晶闸管 VT 已经导通，交流侧输入电压 u_2 瞬时值大于零，即 $u_2 > 0$，电源电压 u_2 仍处于正半周期，晶闸管 VT 继续承受正向阳极电压。晶闸管 VT 继续导通，即 $i_T = i_d > 0$；直流侧负载电阻 R_d 产生压降，即 $u_d = u_2 > 0$；晶闸管通态压降近似为零，即 $u_T = 0$。

⑤当 $\omega t = \omega t_2$ 时，交流侧输入电压 u_2 瞬时值为零，即 $u_2 = 0$。晶闸管 VT 自然关断，即 $i_T = i_d = 0$；直流侧负载电阻 R_d 没有压降，即 $u_d = 0$；晶闸管 VT 不承受电压，即 $u_T = 0$。

⑥当 $\omega t_2 < \omega t < \omega t_3$ 时，交流侧输入电压 u_2 瞬时值小于零，即 $u_2 < 0$，电源电压 u_2 处于负半周期，晶闸管 VT 承受反向阳极电压。晶闸管 VT 不导通，即 $i_T = i_d = 0$；直流侧负载电阻 R_d 没有压降，即 $u_d = 0$；晶闸管承受电源反压，即 $u_T = u_2 < 0$。

在用示波器测量波形时，波形中垂直上跳或下跳的线段和阴影是显示不出来的，这些线段和阴影是波形分析时为了方便理解，人为画出来的。要测量有直流分量的波形必须从示波器的直流测量端输入，且预先确定基准水平线位置。

（三）引入几个定义

1. 控制角

从晶闸管元件开始承受正向阳极电压起到晶闸管元件导通，这段期间所对应的电角度称为控制角（亦称移相角），用 α 表示。

在单相可控整流电路中，控制角的起点一定是交流相电压的过零变正点，因为这点是晶闸管元件承受正向阳极电压的最早点，从这点开始晶闸管承受正压。

2. 导通角

晶闸管在一个周期内导通的电角度称为导通角，用 θ_T 表示。在阻性负载的单相半波电路中，α 与 θ_T 的关系为 $\alpha + \theta_T = \pi$。

3. 移相

改变 α 的大小即改变触发脉冲在每个周期内出现的时刻称为移相。移相的目的是为了改变晶闸管的导通时间，最终改变直流侧输出电压的平均值，这种控制方式称为相控。

4. 移相范围

在晶闸管元件承受正向阳极电压时，α 的变化范围称为移相范围。显然，在阻性负载的单相半波电路中，α 的变化范围为 $0 < \alpha < \pi$。

（四）参数计算

①输出端直流电压（平均值）U_d。输出端的直流电压 U_d 是以平均值来衡量的，U_d 是 u_d 波形在一个周期内面积的平均值，直流电压表测得的即为此值。U_d 可由下式积分求得：

$$U_d = \frac{\tau}{T}U = 0.45U_2\frac{\tau}{T}U$$

（3-1）

$$\frac{\tau}{T}U = 0.45U_2\sqrt{\frac{1}{2\pi}\sin 2\alpha + \frac{\pi - \alpha}{\pi}}$$

（3-2）

直流电流的平均值为：

$$I_d = \frac{t_{ct}}{T_s}U_d - \frac{T_S - t_{cn}}{T_s}U_d = 0.45\frac{U_{2l}}{E_{20}}\cos\beta\frac{s_{max}E_{20}}{\cos\beta\min}$$

（3-3）

②输出端直流电压（有效值）U。由于电流 i_d 也是缺角正弦波，因此在选择晶闸管、熔断器、导线截面以及计算负载电阻 R_d 的有功功率时，必须按电流有效值计算。

$$U = \frac{U_d}{U_{cm}}u_r = cu_r$$

（3-4）

电流有效值 I 为：

$$I = \sqrt{\frac{2(\pi - \alpha) + \sin 2\alpha}{2\pi}} = \frac{nT}{T_c}P_n\sqrt{\frac{nT}{T_c}}U_n$$

（3-5）

③功率因数 $\cos\varphi$。对于整流电路通常要考虑功率因数 $\cos\varphi$ 和电源的伏安容量。不难看出，变压器二次侧所供给的有功功率（忽略晶闸管的损耗）为 $P = I^2R_d = UI$（注意：不是 $I_d^2R_d$），而变压器二次侧的视在功率 $S = U_2I$。所以电路功率因数 $\cos\varphi$ 为：

$$\cos\varphi = \frac{P}{S} = \frac{UI}{U_2 I} = \sqrt{\frac{1}{4\pi}\sin 2\alpha + \frac{\pi-\alpha}{2\pi}}$$

（3-6）

④晶闸管承受的最大电压为 $\sqrt{2}\,U_2$，移相范围为 $0 \sim \pi$。

二、阻感性负载

（一）电路结构

在工业生产中，有很多负载既具有阻性又具有感性，例如直流电机的绕组线圈、输出串接电抗器等。当直流负载的感抗 ωL_d 和负载电阻 R_d 的大小相比不可忽略时，这种负载称为电感性负载。当 $\omega L_d \geq 10 R_d$ 时，此时的负载称为大电感负载。

根据《电工原理》，我们知道：如果负载是感性，由于电感对变化的电流具有阻碍作用，所以，流过负载里的电流与负载两端的电压有相位差，通常是电压相位超前，而电流滞后；电压允许突变，而电流不允许突变。

（二）感性负载的波形分析

在交流电 u_2 一个周期内，用 ωt 坐标点将波形分为五段，即 $\omega t_0 \sim \omega t_1$、$\omega t_1 \sim \omega t_2$、$\omega t_2 \sim \omega t_3$、$\omega t_3 \sim \omega t_4$、$\omega t_4 \sim \omega t_5$。下面逐段对波形进行分析：

①当 $\omega t = \omega t_0$ 时，交流侧输入电压 u_2 瞬时值为零，即 $u_2 = 0$；晶闸管门极没有触发电压 u_g，即 $u_g = 0$。晶闸管 VT 不导通，即 $i_T = i_d = 0$；直流侧负载电阻 R_d 没有电流通过，也就没有压降，即 $u_d = 0$；晶闸管 VT 不承受电压，即 $u_T = 0$。

②当 $\omega t_0 < \omega t < \omega t_1$ 时，交流侧输入电压 u_2 瞬时值大于零，即 $u_2 > 0$，电源电压 u_2 处于正半周期，晶闸管 VT 承受正向阳极电压，但此段晶闸管 VT 门极仍然没有触发电压 u_g，即 $u_g = 0$。晶闸管 VT 不导通，即 $i_T = i_d = 0$；直流侧负载电阻 R_d 没有压降，即 $u_d = 0$；晶闸管承受电源正压，即 $u_T = u_2 > 0$。

③当 $\omega t = \omega t_1$ 时，交流侧输入电压 u_2 瞬时值大于零，即 $u_2 > 0$，电源电压 u_2 处于正半周期，晶闸管 VT 承受正向阳极电压，此时晶闸管 VT 门极有触发电压 u_g，即 $u_g > 0$。晶闸管 VT 导通，由于电感 L_d 对电流的变化具有抗拒作用，此时是阻碍回路电流增大，所以 i_T 不能突变，只能从零值开始逐渐增大，即 $i_T = i_d > 0\uparrow$；直流侧负载产生压降，即 $u_d = u_2 > 0$，u_d 产生突变；晶闸管通态压降近似为零，即 $u_T = 0$。

④当 $\omega t_1 < \omega t < \omega t_2$ 时，晶闸管 VT 已经导通，交流侧输入电压 u_2 瞬时值大于零，即

$u_2>0$，电源电压 u_2 仍处于正半周期，晶闸管 VT 继续承受正向阳极电压。晶闸管 VT 继续导通，即 $i_T=i_d>0\uparrow$；此期间电源不但向 R_d 供给能量而且还供给 L_d 能量，电感储存了磁场能量，磁场能量 $W_L=\dfrac{1}{2}L_d i_d^2$，$di_T/dt>0$，电路处在"充磁"的工作状态；直流侧负载产生压降，即 $u_d=u_2>0$；晶闸管通态压降近似为零，即 $u_T=0$。

⑤当 $\omega t=\omega t_2$ 时，晶闸管 VT 已经导通，交流侧输入电压 u_2 瞬时值为零，即 $u_2>0$，电源电压 u_2 仍处于正半周期，晶闸管 VT 继续承受正向阳极电压。晶闸管 VT 继续受正向阳极电压。晶闸管 VT 继续导通，$i_T=i_d>0\downarrow$，但此时 i_T 电流下降，$di_T/dt<0$，电感 L_d 产生感生电动势阻碍回路电流减小，电路处在"放磁"工作状态；直流侧负载产生压降，即 $u_d=u_2>0$；晶闸管通态压降近似为零，即 $u_T=0$。

⑥当 $\omega t_2<\omega t<\omega t_3$ 时，晶闸管 VT 已经导通，交流侧输入电压 u_2 瞬时值为零，即 $u_2>0$，但 u_2 瞬时值已经开始下降，电源电压 u_2 仍处于正半周期，晶闸管 VT 继续承受正向阳极电压。晶闸管 VT 继续受正向阳极电压。晶闸管 VT 继续导通，$i_T=i_d>0\downarrow$，但此时 i_T 电流下降，$di_T/dt<0$，电感 L_d 产生感生电动势阻碍回路电流减小，电路处在"放磁"工作状态；直流侧负载产生压降，即 $u_d=u_2>0$；晶闸管通态压降近似为零，即 $u_T=0$。

⑦当 $\omega t=\omega t_3$ 时，交流侧输入电压 u_2 瞬时值为零，即 $u_2=0$，由于此时 i_T 电流下降，电感 L_d 产生感生电动势，极性是下正上负，在其作用下晶闸管 VT 继续承受正向阳极电压。晶闸管 VT 继续经导通，$i_T=i_d>0\downarrow$，电路还处在"放磁"工作状态；直流侧负载产生压降，即 $u_d=u_2>0$；晶闸管通态压降近似为零，即 $u_T=0$。

⑧当 $\omega t_3<\omega t<\omega t_4$ 时，交流侧输入电压 u_2 瞬时值为负，即 $u_2<0$；由于此时 u_2 数值还比较小，在数值上还小于电感 L_d 的感生电动势 u_L，即 $|u_L|>|u_2|$，所以晶闸管 VT 继续承受正向阳极电压。晶闸管 VT 继续导通，$i_T=i_d>0\downarrow$，电路还处在"放磁"工作状态；直流侧负载产生压降，即 $u_d=u_2<0$，u_d 波形出现负电压；晶闸管通态压降近似为零，即 $u_T=0$。

⑨当 $\omega t=\omega t_4$ 时，交流侧输入电压 u_2 瞬时值为负，即 $u_2<0$；由于此时 u_2 数值还比较大，在数值上等于电感 L_d 的感生电动势 u_L，即 $|u_L|=|u_2|$，所以晶闸管 VT 不承受电压。晶闸管 VT 自然关断，即 $i_T=i_d=0$，电路"放磁"过程结束；直流侧负载没有压降，即 $u_d=0$；晶闸管 VT 不承受电压，即 $u_T=0$。

⑩当 $\omega t_4<\omega t<\omega t_5$ 时，交流侧输入电压 u_2 瞬时值为负，即 $u_2<0$，电源电压 u_2 处于负半周期，晶闸管 VT 承受反向阳极电压。晶闸管 VT 不导通，即 $i_T=i_d=0$；直流侧

负载没有压降，即 $u_d = 0$；晶闸管承受电源反压，即 $u_T = u_2 < 0$。

三、阻感性负载并接续流二极管

在带有大电感负载时，单相半波可控整流电路正常工作的关键是使负载端不出现负电压，因此，要设法在电源电压 u_2 负半周期时，使晶闸管 VT 承受反压而关断。解决的办法是在负载两端并联一个二极管，由于该二极管是为电感性负载在晶闸管关断时刻提供续流回路，故此二极管称为续流二极管，简称续流管。

（一）阻感性负载并接续流二极管波形分析

①当 $\omega t_1 < \omega t < \omega t_2$ 时，晶闸管 VT 已经导通，交流侧输入电压 u_2 瞬时值大于零，即 $u_2 > 0$，电源电压 u_2 仍处于正半周期，晶闸管 VT 继续承受正向阳极电压。晶闸管 VT 继续导通，即 $i_T > 0$；直流侧负载产生压降，即 $u_d = u_2 > 0$，续流二极管 VD 承受反压不导通，负载上电压波形与不加二极管 VD 时相同；晶闸管通态压降近似为零，即 $u_T = 0$。

②当 $\omega t = \omega t_2$ 时，交流侧输入电压 u_2 瞬时值为零，即 $u_2 = 0$。续流二极管 VD 与晶闸管 VT 并联，同时对电感 L_d 续流。晶闸管 VT 及续流二极管 VD 都导通，即 $i_d = i_T + i_D$；直流侧负载电压等于管压降，即 $u_d = 0$；晶闸管通态压降近似为零，即 $u_T = 0$。

③当 $\omega t_2 < \omega t < \omega t_3$ 时，交流侧输入电压 u_2 瞬时值小于零，即 $u_2 < 0$，电源电压 u_2 处于负半周期。通过续流二极管 VD 给晶闸管 VT 施加反向阳极电压。晶闸管 VT 被强迫关断，续流二极管 VD 对电感 L_d 续流导通，即 $i_T = 0$、$i_d = i_D > 0$；直流侧负载电压等于二极管压降，即 $u_d = 0$；晶闸管承受电源反压，即 $u_T < u_2 = 0$。在交流侧输入电压 u_2 过零后，通过续流二极管 VD 给电感 L_d 提供续流通路；通过续流二极管 VD 给晶闸管 VT 施加电源反压，使其被及时强迫关断。

（二）参数计算

①输出端直流电压（平均值）U_d 用以下公式计算。

$$U_d = \frac{1}{2\pi} \int_0^\pi \sqrt{2} U_2 \sin \omega t d(\omega t) = 0.45 U_2 \frac{1 + \cos \alpha}{2}$$

（3-7）

$$I_d = \frac{U_d}{R_d} = 0.45 \frac{U_2}{R_d} \frac{1 + \cos \alpha}{2}$$

（3-8）

②负载、晶闸管及续流二极管电流值的计算。当电感量足够大时，流过负载的电流波

形可以看成是一条平行于横轴的直线，即标准直流，晶闸管电流 i_T 与续流管电流 i_D 均为矩形波。假若负载电流的平均值为 I_d，则流过晶闸管与续流管的电流平均值分别为：

$$I_{dT} = \frac{\pi - \alpha}{2\pi}I_d = \frac{\theta_T}{2\pi}I_d$$

（3-9）

$$I_{dD} = \frac{\pi + \alpha}{2\pi}I_d = \frac{\theta_D}{2\pi}I_d$$

（3-10）

流过晶闸管与续流二极管的电流有效值分别为：

$$I_T = \sqrt{\frac{\pi - \alpha}{2\pi}}I_d = \sqrt{\frac{\theta_T}{2\pi}}I_d$$

（3-11）

$$I_D = \sqrt{\frac{\pi + \alpha}{2\pi}}I_d = \sqrt{\frac{\theta_D}{2\pi}}I_d$$

（3-12）

③晶闸管承受的最大电压为 $\sqrt{2}\,U_2$，移相范围为 $0 \sim \pi$。

第二节　单相全波可控整流电路

一、电阻性负载

（一）电路结构

单相全波可控整流电路从形式来看，它相当于由两个电源电压相位错开 180° 的两组单相半波可控整流电路并联而成，因此，该电路又称单相双半波可控整流电路。由于两半波电路电源相位相差 180°，所以，全波电路中两晶闸管的门极触发信号相位也保持 180° 相差。

（二）电阻性负载的波形分析

在交流电 u_2 一个周期内，用 ωt 坐标点将波形分为四段，下面逐段对波形进行分析：

①当 $\omega t_0 \leqslant \omega t < \omega t_1$ 时，交流侧输入电压瞬时值 $u_2 \geqslant 0$，电源电压 u_2 处于正半周期，但晶闸管 VT 门极没有触发电压 u_g，即 $u_g = 0$。晶闸管 VT 不导通，即 $i_T = i_d = 0$；直流侧负载电阻 R_d 的电压 $u_d = 0$；晶闸管 VT_1 承受电压 $u_{T1} = u_2 > 0$。

②当 $\omega t_1 \leqslant \omega t < \omega t_2$ 时，交流侧输入电压瞬时值 $u_2 > 0$，电源电压 u_2 处于正半周期；晶闸管 VT_1 承受正向阳极电压；在 $\omega t = \omega t_1$ 时刻，给晶闸管 VT_1 门极施加触发电压 U_{g1}，即 $U_{g1} > 0$。晶闸管 VT_1 导通，即 $i_{T1} = i_d > 0$；直流侧负载电阻 R_d 的电压 $u_d = u_2 > 0$；晶闸管 VT_1 压降 $u_{T1} = 0$。

③当 $\omega t_2 \leqslant \omega t < \omega t_3$ 时，交流侧输入电压瞬时值 $u_2 \leqslant 0$，电源电压 u_2 处于负半周期：在 $\omega t = \omega t_2$ 时，晶闸管 VT_1 自然关断。晶闸管 VT 不导通，即 $i_T = i_d = 0$；直流侧负载电阻 R_d 的电压 $u_d = 0$；晶闸管 VT_1 承受电压 $u_{T1} = u_2 \leqslant 0$。

④当 $\omega t_3 \leqslant \omega t < \omega t_4$ 时，交流侧输入电压瞬时值 $u_2 \leqslant 0$，电源电压 u_2 处于负半周期，晶闸管 VT_2 承受正向阳极电压；在 $\omega t = \omega t_3$ 时刻，给晶闸管 VT_2 门极施加触发电压 u_{g2} 即 $u_{g2} > 0$。晶闸管 VT_2 导通，即 $i_{T2} = i_d = 0$；直流侧负载电阻 R_d 的电压 $u_d = |u_2| > 0$；晶闸管 VT_1 压降 $u_{T1} = 2u_2 < 0$。

（三）参数计算

①输出端直流电压（平均值）U_d。

$$U_d = \frac{1}{\pi} \int_a^\pi \sqrt{2} U_2 \sin \omega t d(\omega t) = 0.9 U_2 \frac{1 + \cos \alpha}{2}$$

（3-13）

②晶闸管可能承受的最大正、反向电压分别为 $\sqrt{2}\, U_2$、$2\sqrt{2}\, U_2$，移相范围为 $0 \sim \pi$。

二、电感性负载

（一）电感性负载的波形分析

在交流电 u_2 一个周期内，用 ωt 坐标点将波形分为四段，下面逐段对波形进行分析：

①当 $\omega t_1 \leqslant \omega t < \omega t_2$ 时，交流侧输入电压瞬时值 $u_2 > 0$，电源电压 u_2 处于正半周期；晶闸管 VT_1 承受正向阳极电压；在 $\omega t = \omega t_1$ 时刻，给晶闸管 VT_1 门极施加触发电压 u_{g1}，即 $u_{g1} > 0$。晶闸管 VT_1 导通，即 $i_{T1} = i_d > 0\uparrow$；直流侧负载的电压 $u_d = u_2 > 0$；晶闸管 VT_1 压降 $u_{T1} = 0$。

②当 $\omega t_2 \leqslant \omega t < \omega t_3$ 时，交流侧输入电压瞬时值 $u_2 \leqslant 0$，电源电压 u_2 处于负半周期；在此期间电感 L_d 产生的感生电动势 u_L 极性是下正上负，且 $u_{T1} = |u_L| - |u_2| > 0$，晶闸管 VT_1 继续承受正向阳极电压。晶闸管 VT_1 导通，即 $i_{T1} = i_d > 0 \downarrow$；直流侧负载的电压 $u_d = u_2 < 0$；晶闸管 VT_1 压降 $u_{T1} = 0$。

③当 $\omega t_3 \leqslant \omega t < \omega t_4$ 时，交流侧输入电压瞬时值 $u_2 \leqslant 0$，电源电压 u_2 处于负半周期，晶闸管 VT_2 承受正向阳极电压；在 $\omega t = \omega t_3$ 时刻，给晶闸管 VT_2 门极施加触发电压 u_{g2}，即 $u_{g2} > 0$。晶闸管 VT_2 导通，即 $i_{T2} = i_d > 0 \uparrow$；直流侧负载的电压 $u_d = |u_2| > 0$；晶闸管 VT_1 压降 $u_{T1} = 2u_2 < 0$。

④当 $\omega t_0 \leqslant \omega t < \omega t_1$ 时，交流侧输入电压瞬时值 $u_2 \geqslant 0$，电源电压 u_2 处于正半周期，在此期间电感 L_d 产生的感生电动势 u_L 极性是下正上负，且 $u_{T1} = |u_L| - |u_2| > 0$，晶闸管 VT_2 继续承受正向阳极电压。晶闸管 VT_2 导通，即 $i_{T2} = i_d > 0 \downarrow$；直流侧负载的电压 $u_d = -u_2 < 0$；晶闸管 VT_1 压降 $u_{T1} = 2u_2 > 0$。

（二）参数计算

①输出端直流电压（平均值）U_d。

$$U_d = \frac{1}{2\pi} \int_a^{\pi ia} \sqrt{2} U_2 \sin \omega t d(\omega t) = 0.9 U_2 \cos \alpha$$

（3-14）

②晶闸管可能承受的最大正、反向电压分别均为 $2\sqrt{2}\, U_2$，移相范围为 $0 \sim \pi$。

第三节 单相全控桥式可控整流电路

一、电阻性负载

（一）电路结构

共阴极两管即使同时触发也只能使阳极电位高的管子导通，导通后使另一只管子承受反压。同样，共阳极两管即使同时触发也只能使阴极电位低的管子导通，导通后使另一管子承受反压。电路中由 VT_1、VT_3 和 VT_2、VT_4 构成两个整流路径，对应触发脉冲 u_{g1} 与 u_{g3}、u_{g2} 与 u_{g4} 必须成对出现，且两组门极触发信号相位保持 $180°$ 相差。

（二）波形分析

在交流电 u_2 一个周期内，用 ωt 坐标点将波形分为四段，下面逐段对波形进行分析：

①当 $\omega t_0 \leqslant \omega t < \omega t_1$ 时，交流侧输入电压瞬时值 $u_2 \geqslant 0$，电源电压 u_2 处于正半周期，但晶闸管 VT 门极没有触发电压 u_g，即 $u_g = 0$。晶闸管 VT 不导通，即 $i_T = i_d = 0$；直流侧负载电阻 R_d 的电压 $u_d = 0$；晶闸管 VT_1 承受电压 $u_{T1} = u_2 / 2 > 0$。

②当 $\omega t_1 \leqslant \omega t < \omega t_2$ 时，交流侧输入电压瞬时值 $u_2 > 0$，电源电压 u_2 处于正半周期；晶闸管 VT_1、VT_3 承受正向阳极电压；在 $\omega t = \omega t_1$ 时刻，给晶闸管 VT_1、VT_3 门极施加触发电压 u_{g1}、u_{g3}，即 $u_{g1} > 0$、$u_{g3} > 0$。晶闸管 VT_1、VT_3 导通，即 $i_{T1} = i_{T3} = i_d > 0$；直流侧负载电阻 R_d 的电压 $u_d = u_2 > 0$；晶闸管 VT_1 压降 $u_{T1} = 0$。

③当 $\omega t_2 \leqslant \omega t < \omega t_3$ 时，交流侧输入电压瞬时值 $u_2 \leqslant 0$，电源电压 u_2 处于负半周期；在 $\omega t = \omega t_2$ 时刻，晶闸管 VT_1、VT_3 自然关断。晶闸管 VT 不导通，即 $i_T = i_d = 0$；直流侧负载电阻 R_d 的电压 $u_d = 0$；晶闸管 VT_1 承受电压 $u_{T1} = u_2 / 2 \leqslant 0$。

④当 $\omega t_3 \leqslant \omega t < \omega t_4$ 时，交流侧输入电压瞬时值 $u_2 \leqslant 0$，电源电压 u_2 处于负半周期，晶闸管 VT_2、VT_4 承受正向阳极电压；在 $\omega t = \omega t_3$ 时刻，给晶闸管 VT_2、VT_4 门极施加触发电压 u_{g2}、u_{g4}，即 $u_{g2} > 0$、$u_{g4} > 0$。晶闸管 VT_2、VT_4 导通，即 $i_{T2} = i_{T4} = i_d > 0$；直流侧负载电阻 R_d 的电压 $u_d = |u_2| > 0$；晶闸管 VT_1 压降 $u_{T1} = u_2 < 0$。

（三）参数计算

①输出端直流电压（平均值）U_d。

$$U_d = \frac{1}{\pi} \int_a^\pi \sqrt{2} U_2 \sin \omega t d(\omega t) = 0.9 U_2 \frac{1 + \cos \alpha}{2}$$

（3-15）

②晶闸管可能承受的最大正、反向电压分别为 $\sqrt{2}\, U_2$，移相范围为 $0 \sim \pi$。

二、阻感性负载

（一）阻感性负载的波形分析

在交流电 u_2 一个周期内，用 ωt 坐标点将波形分为四段，下面逐段对波形进行分析：

①当 $\omega t_1 \leqslant \omega t < \omega t_2$ 时，交流侧输入电压瞬时值 $u_2 > 0$，电源电压 u_2 处于正半周期；晶闸管 VT_1、VT_3 承受正向阳极电压；在 $\omega t = \omega t_1$ 时刻，给晶闸管 VT_1、VT_3 门极施加触发电压 u_{g1}、u_{g3}，即 $u_{g1} > 0$、$u_{g3} > 0$。晶闸管 VT_1、VT_3 导通，即 $i_{T1} = i_{T3} = i_d > 0 \uparrow$；直流侧负载电压 $u_d = u_2 > 0$；晶闸管 VT_1 压降 $u_{T1} = 0$。

②当 $\omega t_2 \leqslant \omega t < \omega t_3$ 时，交流侧输入电压瞬时值 $u_2 \leqslant 0$，电源电压 u_2 处于负半周期，在此期间电感 L_d 产生的感生电动势 u_L 极性是下正上负，且 $u_{T1} + u_{T3} = |u_L| - |u_2| > 0$，晶闸管 VT_1、VT_3 继续承受正向阳极电压。晶闸管 VT_1、VT_3 导通，即 $i_{T1} = i_{T3} = i_d > 0 \downarrow$；直流侧负载的电压 $u_d = u_2 < 0$；晶闸管 VT_1 压降 $u_{T1} = 0$。

③当 $\omega t_3 \leqslant \omega t < \omega t_4$ 时，交流侧输入电压瞬时值 $u_2 \leqslant 0$，电源电压 u_2 处于负半周期，晶闸管 VT_2、VT_4 承受正向阳极电压；在 $\omega t = \omega t_3$ 时刻，给晶闸管 VT_2、VT_4 门极施加触发电压 u_{g2}、u_{g4}，即 $u_{g2} > 0$、$u_{g4} > 0$。晶闸管 VT_2、VT_4 导通，即 $i_{T2} = i_{T4} = i_d > 0$；直流侧负载的电压 $u_d = |u_2| > 0$；晶闸管 VT_1 压降 $u_{T1} = u_2 < 0$。

④当 $\omega t_0 \leqslant \omega t < \omega t_1$ 时，交流侧输入电压瞬时值 $u_2 \geqslant 0$，电源电压 u_2 处于正半周期，在此期间电感 L_d 产生的感生电动势 u_L 极性是下正上负，且 $u_{T2} + u_{T4} = |u_L| - |u_2| > 0$，使晶闸管 VT_2、VT_4 继续承受正向阳极电压。晶闸管 VT_2、VT_4 导通，即 $i_{T2} = i_{T4} = i_d > 0 \downarrow$；直流侧负载的电压 $u_d = -u_2 < 0$；晶闸管 VT_1 压降 $u_{T1} = u_2 > 0$。

（二）参数计算

①输出端直流电压（平均值）U_d。

$$U_d = \frac{1}{\pi} \int_a^{\pi+\alpha} \sqrt{2} U_2 \sin \omega t d(\omega t) = 0.9 U_2 \cos \alpha$$

（3-16）

②晶闸管可能承受的最大正、反向电压分别均为 $\sqrt{2} U_2$，移相范围为 $0 \sim \pi$。

三、阻感性负载并接续流二极管

（一）阻感性负载并接续流二极管的波形分析

在交流电 u_2 一个周期内，用 ωt 坐标点将波形分为四段，下面逐段对波形进行分析：

①当 $\omega t_1 \leqslant \omega t < \omega t_2$ 时，交流侧输入电压瞬时值 $u_2 > 0$，电源电压 u_2 处于正半周期；晶闸管 VT_1、VT_3 承受正向阳极电压；在 $\omega t = \omega t_1$ 时刻，给晶闸管 VT_1、VT_3 门极施加

触发电压 u_{g1}、u_{g3}，即 $u_{g1} > 0$、$u_{g3} > 0$。晶闸管 VT_1、VT_3 导通，即 $i_{T1} = i_{T3} = i_d > 0 \uparrow$；直流侧负载电压 $u_d = u_2 > 0$；晶闸管 VT_1 压降 $u_{T1} = 0$。

②当 $\omega t_2 \leqslant \omega t < \omega t_3$ 时，交流侧输入电压瞬时值 $u_2 \leqslant 0$，电源电压 u_2 处于负半周期，通过续流二极管 VD 给晶闸管 VT_1、VT_3 施加反向阳极电压。续流二极管 VD 导通，晶闸管 VT 截止，即 $i_T = 0$、$i_D > 0$；直流侧负载的电压 $u_d = 0$；晶闸管 VT_1 压降 $u_{T1} = u_2 / 2 \leqslant 0$。

③当 $\omega t_3 \leqslant \omega t < \omega t_4$ 时，交流侧输入电压瞬时值 $u_2 \leqslant 0$，电源电压 u_2 处于负半周期，晶闸管 VT_2、VT_4 承受正向阳极电压；在 $\omega t = \omega t_3$ 时刻，给晶闸管 VT_2、VT_4 门极施加触发电压 u_{g2}、u_{g4}，即 $u_{g2} > 0$、$u_{g4} > 0$。晶闸管 VT_2、VT_4 导通，即 $i_{T2} = i_{T4} = i_d > 0 \uparrow$；直流侧负载的电压 $u_d = |u_2| > 0$；晶闸管 VT_1 压降 $u_{T1} = u_2 < 0$。

④当 $\omega t_0 \leqslant \omega t < \omega t_1$ 时，交流侧输入电压瞬时值 $u_2 \geqslant 0$，电源电压 u_2 处于正半周期，通过续流二极管 VD 给晶闸管 VT_2、VT_4 施加反向阳极电压。续流二极管 VD 导通，晶闸管 VT 截止，即 $i_T = 0$、$i_D > 0$；直流侧负载的电压 $u_d = 0$；晶闸管 VT_1 压降 $u_{T1} = u_2 / 2 \leqslant 0$。

（二）参数计算

①输出端直流电压（平均值）U_d。

$$U_d = \frac{1}{\pi} \int_a^\pi \sqrt{2} U_2 \sin \omega t d(\omega t) = 0.9 U_2 \frac{1 + \cos \alpha}{2}$$

$$（3\text{-}17）$$

②晶闸管可能承受的最大正、反向电压均为 $\sqrt{2} U_2$，移相范围为 $0 \sim \pi$。

第四节 单相半控桥式可控整流电路

一、电阻性负载

（一）电路结构

从经济角度考虑，可用两只整流二极管代替两只晶闸管，组成单相半控桥整流电路。

单相半控桥电路可以看成是单相全控桥电路的一种简化形式。单相半控桥电路的结构一般是将晶闸管 VT_1、VT_2 接成共阴极接法，二极管 VD_1、VD_2 接成共阳极接法。晶闸管 VT_1、VT_2 可以采用同一组脉冲触发，只不过两组脉冲相位间隔必须保持 $180°$。

半控桥式整流电路一般都是将晶闸管元件共阴极接法，二极管元件共阳极接法，因为如果将晶闸管接成共阴极，那么共阴极就是两晶闸管门极触发电压的共同参考点。这样就可以采用同一组脉冲同时触发两晶闸管，就可以大大简化触发电路。

（二）波形分析

1. 以 $\alpha = 180°$ 为例，单相半控桥式整流电路波形分析

当两只晶闸管元件接成共阴极，由于两只晶闸管采用的是同一组脉冲同时触发，所以，确定哪只晶闸管导通的条件就是比较两管阳极电位的高低，哪只晶闸管的阳极所处的电位高，哪只晶闸管就导通。同样，当两只二极管元件接成共阳极，确定哪只二极管导通的条件就是比较两管阴极电位的高低，哪只二极管的阴极所处的电位低，哪只二极管就导通。

①当 $0 < \omega t < \pi$ 时，交流侧输入电压瞬时值 $u_2 > 0$，电源电压 u_2 处于正半周期。a 点电位 u_a 高，b 点电位 u_b 低，从 a 点经 VD_2、VD_1 至 b 点，有一漏电流流通路径，此时可认为 VD_1 导通，所以整条负载线上各点电位都等于 b 点电位 u_b。晶闸管 VT_1 压降 $u_{T1} = u_a - u_b = u_2 > 0$，晶闸管 VT_2 压降 $u_{T1} = u_a - u_b = 0$，二极管 VD_1 压降 $u_{D1} = 0$，二极管 VD_2 压降 $u_{D2} = u_b - u_a = -u_2 < 0$。

②当 $\pi < \omega t < 2\pi$ 时，交流侧输入电压瞬时值 $u_2 < 0$，电源电压 u_2 处于负半周期。a 点电位 u_a 低，b 点电位 u_b 高，从 b 点经 VD_1、VD_2 至 a 点，有一漏电流流通路径，此时可认为 VD_2 导通，所以整条负载线上各点电位都等于 a 点电位 u_a。晶闸管 VT_1 压降 $u_{T1} = u_a - u_b = u_2 > 0$，晶闸管 VT_2 压降 $u_{T1} = u_b - u_a = -u_2 > 0$，二极管 VD_1 压降 $u_{D1} = u_a - u_b = -u_2 < 0$，二极管 VD_2 压降 $u_{D2} = 0$。

2. 以 $\alpha = 60°$ 为例，电阻性负载的波形分析

在交流电 u_2 一个周期内，用 ωt 坐标点将波形分为四段，下面逐段对波形进行分析：

①当 $\omega t_0 \leqslant \omega t < \omega t_1$ 时，交流侧输入电压瞬时值 $u_2 \geqslant 0$，电源电压 u_2 处于正半周期，但晶闸管 VT 门极没有触发电压 u_g，即 $u_g = 0$。晶闸管 VT 不导通，即 $i_T = i_d = 0$；直

流侧负载电阻 R_d 的电压 $u_d = 0$；晶闸管 VT_1 承受电压 $u_{T1} = u_2 > 0$，二极管 VD_1 承受电压 $u_{D1} = 0$。

②当 $\omega t_1 \leqslant \omega t < \omega t_2$ 时，交流侧输入电压瞬时值 $u_2 > 0$，电源电压 u_2 处于正半周期；晶闸管 VT_1 承受正向阳极电压；在 $\omega t = \omega t_1$ 时刻，给晶闸管 VT_1 门极施加触发电压 u_{g1}，即 $u_{g1} > 0$。晶闸管 VT_1、二极管 VD_1 导通，即 $i_{T1} = i_{D1} = i_d > 0$；直流侧负载电阻 R_d 的电压 $u_d = u_2 > 0$；晶闸管 VT_1 压降 $u_{T1} = 0$，二极管 VD_1 压降 $u_{Dl} = 0$。

③当 $\omega t_2 \leqslant \omega t < \omega t_3$ 时，交流侧输入电压瞬时值 $u_2 \leqslant 0$，电源电压 u_2 处于负半周期；在 $\omega t = \omega t_2$ 时刻，晶闸管 VT_1、VD_1 自然关断。晶闸管 VT 不导通，即 $i_T = i_d = 0$；直流侧负载电阻 R_d 的电压 $u_d = 0$；晶闸管 VT_1 承受电压 $u_{T1} = 0$，二极管 VD_1 压降 $u_{Dl} = u_2 \leqslant 0$。

④当 $\omega t_3 \leqslant \omega t < \omega t_4$ 时，交流侧输入电压瞬时值 $u_2 \leqslant 0$，电源电压 u_2 处于负半周期，晶闸管 VT_2 承受正向阳极电压；在 $\omega t = \omega t_3$ 时刻，给晶闸管 VT_2 门极施加触发电压 u_{g2}，即 $u_{g2} > 0$。晶闸管 VT_2、二极管 VD_2 导通，即 $i_{T2} = i_{D2} = i_d > 0$；直流侧负载电阻 R_d 的电压 $u_d = |u_2| > 0$；晶闸管 VT_1 压降 $u_{T1} = u_2 < 0$，二极管 VD_1 压降 $u_{D1} = u_2 \leqslant 0$。

（三）参数计算

①输出端直流电压（平均值）U_d。

$$U_d = \frac{1}{\pi} \int_a^{\pi} \sqrt{2} U_2 \sin \omega t\, d(\omega t) = 0.9 U_2 \frac{1 + \cos \alpha}{2}$$

（3-18）

②晶闸管可能承受的最大正、反向电压均为 $\sqrt{2}\, U_2$，移相范围为 $0 \sim \pi$。

二、阻感性负载

（一）波形分析

以 $a = 60°$ 为例，在交流电 u_2 一个周期内，用 ωt 坐标点将波形分为四段，下面逐段对波形进行分析：

①当 $\omega t_0 \leqslant \omega t < \omega t_1$ 时，交流侧输入电压瞬时值 $u_2 > 0$，电源电压 u_2 处于正半周期；晶闸管 VT_1 承受正向阳极电压；在 $\omega t = \omega t_1$ 时刻，给晶闸管 VT_1 门极施加触发电压 u_{g1}，即 $u_{g1} > 0$。晶闸管 VT_1 导通、二极管 VD_2 导通，即 $i_{T1} = i_{D2} = i_d > 0$；直流侧负载的电压 $u_d = u_2 > 0$；晶闸管 VT_1 压降 $u_{T1} = 0$。

②当 $\omega t = \omega t_2$ 时，交流侧输入电压瞬时值 $u_2 = 0$，电感 L_d 产生的感生电动势 u_L 极性是下正上负。晶闸管 VT_1 导通，二极管 VD_1、VD_2 导通，即 $i_{T1} = i_{D1} + i_{D2} = i_d > 0$；直流侧负载的电压 $u_d = 0$；晶闸管 VT_1 压降 $u_{T1} = 0$。

③当 $\omega t_2 \leqslant \omega t < \omega t_3$ 时，交流侧输入电压瞬时值 $u_2 \leqslant 0$，电源电压 u_2 处于负半周期；在此期间电感 L_d 产生的感生电动势 u_L 极性是下正上负。晶闸管 VT_1 导通，二极管 VD_1 导通，即 $i_{T1} = i_{D1} = i_d > 0$；直流侧负载的电压 $u_d = 0$；晶闸管 VT_1 压降 $u_{T1} = 0$。

④当 $\omega t_3 \leqslant \omega t < \omega t_4$ 时，交流侧输入电压瞬时值 $u_2 \leqslant 0$，电源电压 u_2 处于负半周期，晶闸管 VT_2 承受正向阳极电压；在 $\omega t = \omega t_3$ 时刻，给晶闸管 VT_2 门极施加触发电压 u_{g2}，即 $u_{g2} > 0$。晶闸管 VT_2、二极管 VD_1 导通，即 $i_{T2} = i_{D1} = i_d > 0$；直流侧负载电阻的电压 $u_d = |u_2| > 0$；晶闸管 VT_1 压降 $u_{T1} = u_2 < 0$。

⑤当 $\omega = \omega t_0$ 时，交流侧输入电压瞬时值 $u_2 = 0$，电感 L_d 产生的感生电动势 u_L 极性是下正上负。晶闸管 VT_2 导通，二极管 VD_1 导通，即 $i_{T2} = i_{Dl} + i_{D2} = i_d > 0$；直流侧负载的电压 $u_d = 0$；晶闸管 VT_1 压降 $u_{T1} = 0$。

从上述分析看出：

①当晶闸管 VT_1、二极管 VD_1 导通，电源电压 u_2 过零变负时，二极管 VD_1 承受正偏电压而导通，二极管 VD_2 承受反偏电压而关断，电路即使不接续流管，负载电流 i_d 也可在 VD_1 与 VT_1 内部续流。电路似乎不必再另接续流二极管就能正常工作。但实际上，若突然关断触发电路或把控制角 a 增大到 $180°$ 时，会发生正在导通的晶闸管一直导通，两只整流二极管 VD_1 与 VD_2 不断轮流导通而产生失控现象，其输出电压 u_d 波形为单相正弦半波。

②失控现象分析。例如在 VT_1 与 VD_1 正处在导通状态时，突然关断触发电路，当 u_2 过零变负时，VD_1 关断，VD_2 导通，这样 VD_2 与 VT_1 就构成内部续流，只要 L_d 的感量足够大，则 VT_1 与 VD_2 的内部自然续流也可以维持整个负半周。当电源电压 u_2 又进入正半周时，VD_2 关断，VD_1 导通，于是 VT_1 与 VD_1 又构成单相半波整流。U_d 波形是单相半波，其平均值 $U_d = 0.45u_2$。这种关断了触发电路，主电路仍有直流输出的不正常现象称为失控现象，这在电路中是不允许的。为此，电路必须接续流二极管 VD，以避免出现失控现象。

（二）参数计算

①输出端直流电压（平均值）U_d。

$$U_d = \frac{1}{\pi}\int_a^\pi \sqrt{2}U_2 \sin\omega t d(\omega t) = 0.9U_2\frac{1+\cos\alpha}{2}$$

（3-19）

②晶闸管可能承受的最大正、反向电压均为 $\sqrt{2}\,U_2$，移相范围为 0 ~ π。

第五节　晶闸管触发电路

一、触发电路概述

（一）对触发电路的要求

1.触发电路输出的触发信号应有足够功率

因为晶闸管门极参数所定义的触发电压和触发电流是一个最小值的概念，它是在一定条件下保证晶闸管能够被触发导通的最小值。在实际应用中，考虑门极参数的离散性及温度等因素影响，为使器件在各种条件下均能可靠触发，因此要求触发电压和触发电流的幅值短时间内可大大超过铭牌规定值，但不许超过规定的门极最大允许峰值。

2.触发信号的波形应该有一定的陡度和宽度

触发脉冲应该有一定的陡度，希望是越陡越好。如果触发脉冲不陡，就可能造成晶闸管整流输出电压波形不对称，就可能造成晶闸管扩容的不均压、不均流的问题。

触发脉冲也应该有一定的宽度，以保证在触发期间阳极电流能达到擎住电流而维持导通。

3.触发脉冲与晶闸管阳极电压必须同步

所谓同步是指触发电路工作频率与主电路交流电源的频率应当保持一致，且每个晶闸管的触发脉冲与施加于晶闸管的交流电压保持合适的相位关系。提供给触发器合适相位的电压称为同步信号电压，为保证触发电路和主电路频率一致，利用一个同步变压器，将其一次侧接入为主电路供电的电网，由其二次侧提供同步电压信号。由于触发电路不同，要求的同步电源电压的相位也不一样，可以根据变压器的不同连接方式来得到。

在安装、调试晶闸管装置时，常会碰到一种故障：分别单独检查主电路和触发电路都正常，但连接起来工作就不正常，输出电压的波形不规则。这种故障往往是不同步造成的。为使可控整流器输出值稳定，触发脉冲与电源波形必须保持固定的相位关系，使每一周期晶闸管都能在相同的相位上触发。

4. 满足主电路移相范围的要求

不同的主电路形式、不同的负载性质对应不同的移相范围，因此，要求触发电路必须满足各种不同场合的应用要求，必须提供足够宽的移相范围。

5. 门极正向偏压越小越好

有些触发电路在晶闸管触发之前，会有正的门极偏压，为了避免晶闸管误触发，要求这正向偏压越小越好，最大不得超过晶闸管的不触发电压值 U_{GD}。

6. 其他要求

触发电路还应具有动态响应快、抗干扰能力强、温度稳定性好等性能。

（二）对触发信号波形的分析

1. 正弦波

它是由阻容移相电路产生的。正弦波波形前沿不陡峭，因此很少采用。

2. 尖脉冲

它是由单结晶体管触发电路产生的。尖脉冲波形前沿陡峭，但持续作用时间短，只适用于触发小功率、阻性负载的可控整流器。

3. 方脉冲

它是由带整形环节的震荡电路产生的。方脉冲波形前沿陡峭，持续作用时间长，适用于触发小功率、感性负载的可控整流器。

4. 强触发脉冲

它是由带强触发环节的晶体管触发电路产生的。强触发脉冲波形前沿陡峭、幅值高，平台持续作用时间长，晶闸管采用强触发脉冲触发可缩短开通时间，提高管子承受电流上升率的能力，有利于改善串、并联元件的动态均压与均流，增加触发的可靠性。适用于触

发大功率、感性负载的可控整流器。

5.脉冲列

它是由数字式触发电路产生的。脉冲列波形前沿陡峭，持续作用时间长，有一定的占空比，减小了脉冲变压器的体积，适用于触发控制要求高的可控整流器。

（三）脉冲变压器的作用

触发电路通常是通过脉冲变压器输出触发脉冲，脉冲变压器有以下作用：
①将触发电路与主电路在电气上隔离，有利于防止干扰，也更安全。
②阻抗匹配，降低脉冲电压，增大脉冲电流，更好触发晶闸管。
③可改变脉冲正负极性或同时送出两组独立脉冲。

（四）防止误触发的措施

1.触发电路受干扰原因分析

如果接线正确，干扰信号可能从以下几方面串入：
①电源安排不当，变压器一、二次侧或几个二次线圈之间形成干扰。其他晶闸管触发时造成电源电压波形有缺口形成干扰。
②触发电路中的放大器输入、输出及反馈引线太长，没有适当屏蔽。特别是触发电路中晶体管的基极回路最受干扰。
③空间电场和磁场的干扰。
④布线不合理，主回路与控制回路平行走线。
⑤元件特性不稳定。

2.防止误触发的措施

晶闸管装置在调试与使用中常会遇到各种电磁干扰，引起晶闸管误触发导通，这种误触发大都是干扰信号侵入门极回路引起的，为此可采取以下措施：
①门极电路采用金属屏蔽线，并将金属屏蔽层可靠接"地"。
②控制线与大电流线应分开走线，触发控制部分用金属外壳单独屏蔽，脉冲变压器应尽量靠近晶闸管门极，装置的接零与接壳分开。
③在晶闸管门阴极间并接 0.01 ~ 0.1pF 的小电容可有效吸收高频干扰，要求高的场合可在门阴极间设置反向偏压。
④采用触发电流大，即不灵敏的晶闸管。

⑤元件要进行老化处理，剔除不合格产品。

二、单结晶体管触发电路

由单结晶体管组成的触发电路，具有简单、可靠、触发脉冲前沿陡、抗干扰能力强以及温度补偿性能好等优点，在单相与要求不高的三相晶闸管装置中得到广泛应用。

（一）单结晶体管的结构

单结晶体管又称双基极管，它是一种只有一个 PN 结和两个电阻接触电极的半导体器件，它的基片为条状的高阻 N 型硅片，两端分别用欧姆接触引出两个基极 b_1（第一基极）和 b_2（第二基极）。在硅片中间略偏 b_2 一侧用合金法制作一个 P 区作为发射极 e。发射极所接的 P 区与 N 型硅棒形成的 PN 结等效为二极管 VD；N 型硅棒因掺杂浓度很低而呈现高电阻，二极管阴极与基极 b_2 之间的等效电阻为 r_{b2}，二极管阴极与基极 b_1 之间的等效电阻为 r_{b1}；由于 r_{b1} 的阻值受 e-b_1 间电压的控制，所以等效为可变电阻。

（二）单结晶体管的伏安特性

单结晶体管的伏安特性是指两个基极 b_2 和 b_1 之间加某一固定直流电压 U_{bb} 时，发射极电流 i_e 与发射极正向电压 u_e 之间的关系。

两基极 b_1 和 b_2 之间的电阻（$r_{bb} = r_{b1} + r_{b2}$）称为基极电阻，r_{b2} 的数值随发射极电流 i_e 而变化，r_{b2} 的数值与 i_e 无关；若在两个基极 b_2 和 b_1 之间加上正电压 U_{bb} 则 A 点电压为：

$$U_A = \frac{r_{b1}}{r_{b1} + r_{b2}} U_{bb} = \eta U_b$$

（3-20）

式中：η——称为分压比，其值一般在 0.3 ~ 0.85 之间，如果发射极电压 u_e 由零逐渐增加，就可测得单结晶体管的伏安特性。

I. 截止区 A P 段

当 $0 < u_e < \eta U_{bb}$ 时，发射结处于反向偏置，管子截止，发射极只有很小的反向漏电流。随着 u_e 的增大，反向漏电流逐渐减小。

当 $u_e = \eta U_{bb}$ 时，发射结处于零偏，管子截止，电路此时工作在特性曲线与横坐标交点 b 处，$i_e = 0$。

当 $\eta U_{bb} < u_e < \eta U_{bb} + U_D$ 时，发射结处于正向偏置，管子截止，发射极只有很小的正向漏电流。随着 u_e 的增大，正向漏电流逐渐增大。

2. 负阻区 PV 段

当 $u_e \geq \eta U_{bb} + U_D = U_P$ 时，发射结处于正向偏置，管子电流形成正反馈，特点是 i_e 显著增加，r_{b1} 阻值迅速减小，u_e 相应下降，这种电压随电流增加反而下降的特性，称为负阻特性。管子由截止区进入负阻区的临界 P 称为峰点，与其对应的发射极电压和电流，分别称为峰点电压 U_P 和峰点电流 I_P。

随着发射极电流 i_e 不断上升，u_e 不断下降，降到 V 点后，u_e 不再降了，V 点称为谷点，与其对应的发射极电压和电流，称为谷点电压 U_V 和谷点电流 I_V。

3. 饱和区 VN 段

过了 V 点后，发射极与第一基极间半导体内的载流子达到了饱和状态，所以 u_e 继续增加时，i_e 便缓慢地上升，显然 U_V 是维持单结晶体管导通的最小发射极电压，如果 $u_e < U_V$，管子重新截止。

（三）单结晶体管自激振荡电路

所谓振荡，是指在没有输入信号的情况下，电路输出一定频率、一定幅值的电压或电流信号。利用单结晶体管的负阻特性和 RC 电路的充放电特性，可以组成自激振荡电路，产生脉冲，用以触发晶闸管。

设电源未接通时，电容 C 上的电压为零。电源 U_{bb} 接通后，电源电压通过 R_2、R_1 加在单结晶体管的 b_2、b_1 上，同时又通过电阻 r、R 对电容 C 充电。当电容电压 u_C 达到单结晶体管的峰点电压 U_P 时，e-b_1 导通，单结晶体管进入负阻状态，电容 C 通过 r_{b1}、R_1 放电。因 R_1 很小，放电很快，放电电流在 R_1 上输出第一个脉冲去触发晶闸管。

当电容放电使 u_C 下降到 U_V 时，单结晶体管关断，输出电阻 R_1 的压降为零，完成一次振荡。放电一结束，电容器重新开始充电，重复上述过程，电容 C 由于 $\tau_{放} < \tau_{充}$ 而得到锯齿波电压，R_1 上得到一个周期性尖脉冲输出电压。

电子元件参数是经过实践验证的最佳参数，用户不需要再重新设计或选择元件参数，只需要按要求搭接电路，便可直接进行触发电路的调试，调试过程一般都非常顺利。下面对主要元件作用进行分析：

电阻 R 作用：电阻 R 起移相控制作用。因为改变电阻 R 的大小，就改变了电源 U_{bb} 对电容 C 的充电时间常数，改变了电容电压达到峰点电压的时间。

电阻 r 作用：电阻 r 起限流作用。它是为防止 R 调节到零时，充电电流 $i_充$ 过大而造成晶闸管一直导通无法关断而停振。

电阻 R_1 作用：R_1 是电路的输出电阻。它不能太小，如果 R_1 太小，放电电流 $i_放$ 在 R_1 上形成的压降就很小，产生脉冲的幅值就很小；它也不能太大，如果 R_1 太大，在 R_1 上形成的残压就大，对晶闸管门极产生干扰。

电阻 R_2 作用：R_2 是温度补偿电阻，在单结晶体管产生温升时，通过 R_2 使峰点电压 U_P 保持恒定。

（四）具有同步环节的单结晶体管触发电路

如果采用上述的单结晶体管自激振荡电路来触发单相半波可控整流电路，根据晶闸管导通和关断条件，可画出 u_d 波形。晶闸管每个周期导通时间是不断变化的，使输出电压波形无规则，这是由于触发电路与主电路不同步的结果。造成不同步的原因：由于锯齿波每个周期的起始时间和主电路交流电压每个周期的起始时间不一致。为此，就要设法让它们能够通过一定的方式联系，使步调一致起来。这种方式联系称为触发电路与主电路取得同步。

不同处在于单结晶体管与电容 C 充电电源改为由主电路同一电源的同步变压器 Ts 二次电压 u_s，经单相半波整流后，再经稳压管 V_1 削波而得到的梯形波电压 U_{V1} 来供电。这样在梯形波过零点（$U_{bb}=0$）时，不管电容 C 此时有多少电荷都势必使单结晶体管导通而放完，就保证了电容 C 都能在主电路晶闸管开始承受正向电压从零开始充电。每周期产生的第一个有用的触发尖脉冲的时间都一样（移相角 a 一样），触发电路与主电路取得了同步，致使 u_d 波形有规则地调节变化。

第四章　三相可控整流电路

第一节　三相半波不可控整流电路

一、电路结构

整流元件二极管 VD_1、VD_3、VD_5 接成共阴极接法，负载跨接在共阴极与中性点之间，负载电流必须通过变压器的中线才能构成回路，因此，该电路又称三相零式整流电路。

主电路整流变压器 T_R 通常采用 △/Y-11 连接组别，变比为 1：1，主要用来隔离整流器工作时产生的谐波侵入电网，防止电网受高次谐波污染。变压器二次相电压有效值为 $U_{2\phi}$，线电压为 U_{2l}。

二、电阻性负载的波形分析

在交流电一个周期内，用 ωt 坐标点将波形分为三段，下面逐段对波形进行分析：

①当 $\omega t_1 < \omega t < \omega t_3$ 时，比较交流侧三相相电压瞬时值的大小，u_U 最大，且 $u_U > 0$。二极管 VD_1 导通，即 $i_{D1} = i_d > 0$；直流侧负载电阻 R_d 的电压 $u_d = u_U > 0$；二极管 VD_1 承受电压 $u_{D1} = 0$。

②当 $\omega t_3 < \omega t < \omega t_5$ 时，比较交流侧三相相电压瞬时值的大小，u_V 最大，且 $u_V > 0$。二极管 VD_3 导通，即 $i_{D3} = i_d > 0$；直流侧负载电阻 R_d 的电压 $u_d = u_V > 0$；二极管 VD_1 压降 $u_{D1} = u_U - u_V = u_{UV} < 0$。

③当 $\omega t_5 < \omega t < \omega t_7$ 时，比较交流侧三相相电压瞬时值的大小，u_W 最大且 $u_W > 0$。二极管 VD_5 导通，即 $i_{D5} = i_d > 0$；直流侧负载电阻 R_d 的电压 $u_d = u_W > 0$；二极管 VD_1 压降 $u_{D1} = u_U - u_W = u_{UW} < 0$。

三、自然换相点

变压器二次侧相邻相电压波形的交点称为自然换相点。正半周期的自然换相点分别用 1、3、5 标注，负半周期的自然换相点分别用 2、4、6 标注，相邻号的自然换相点相位间隔 60°。在三相可控整流电路中，通常把自然换相点作为控制角 α 起点，整流元件的标号也以对应的自然换相点的点号来标注。在三相不可控整流电路中，以自然换相点作为控制角 a 的起点，因为对二极管整流元件而言，自然换相点是保证该点所对应的二极管导通的最早时刻。每过一次自然换相点，电路就会自动换流一次，总是后相导通、前相关断，例如自然换相点 3，在 3 点的左侧 VD$_1$ 导通，在 3 点的右侧 VD$_3$ 导通。同样对晶闸管而言，自然换相点是保证该点所对应的晶闸管元件承受正向阳极电压的最早时刻。所以，把控制角 a 的起点确定在自然换相点上。

四、参数计算

①输出端直流电压（平均值）U_d。

$$U_d = \frac{1}{2\pi/3} \int_{\pi/6}^{5\pi/6} \sqrt{2} U_{2\varphi} \sin \omega t\, d(\omega t) = 2.34 U_{2\phi} = 1.17 U_{2l}$$

（4-1）

②二极管可能承受的最大反向电压为 $\sqrt{6}\, U_2$。

第二节　共阴极三相半波可控整流电路

一、电阻负载

将整流二极管换成晶闸管即为三相半波可控整流电路。由于三相整流在自然换相点之前，晶闸管承受反压，因此，自然换相点是晶闸管控制角 α 的起算点。三相触发脉冲的相位间隔应与电源的相位差一致，即均为 120°。由于自然换相点距相电压波形原点为 30°，所以，触发脉冲距对应相电压的原点为 30° + a。

（一）电阻性负载的波形分析

I. 当 a=30° 时的波形分析

在交流电一个周期内，用 ωt 坐标点将波形分为六段，设电路已处于工作状态，下面逐段对波形进行分析：

①当 $\omega t_1 \leqslant \omega t < \omega t_2$ 时，比较交流侧三相相电压瞬时值的大小，u_U 最大；在 $\omega t = \omega t_1$ 时刻，给晶闸管 VT_1 施加触发电压，$u_{g1} > 0$。晶闸管 VT_1 导通，即 $i_{T1} = i_d > 0$；直流侧负载电阻 R_d 的电压 $u_d = u_U > 0$；晶闸管 VT_1 承受电压 $u_{Tl} = 0$。

②当 $\omega t = \omega t_2$ 时，比较交流侧三相相电压瞬时值的大小，$u_U = u_V > 0$，但 $u_{g3} = 0$。晶闸管 VT_1 导通，即 $i_{Tl} = i_d > 0$；直流侧负载电阻 R_d 的电压 $u_d = u_U > 0$；晶闸管 VT_1 承受电压 $u_{T1} = 0$。

③当 $\omega t_2 < \omega t < \omega t_3$ 时，比较交流侧三相相电压瞬时值的大小，u_V 最大，但 $u_U > 0$，$u_{g_3} = 0$。晶闸管 VT_1 导通，即 $i_{Tl} = i_d > 0$；直流侧负载电阻 R_d 的电压 $u_d = u_U > 0$；晶闸管 VT_1 承受电压 $u_{T1} = 0$。

④当 $\omega t_3 \leqslant \omega t < \omega t_4$ 时，比较交流侧三相相电压瞬时值的大小，u_V 最大；在 $\omega t = \omega t_3$ 时刻，给晶闸管 VT_3 施加触发电压，$u_{g3} > 0$。晶闸管 VT_3 导通，即 $i_{T3} = i_d > 0$；直流侧负载电阻 R_d 的电压 $u_d = u_V > 0$；晶闸管 VT_1 承受电压 $u_{Tl} = u_{UV} < 0$。

⑤当 $\omega t = \omega t_4$ 时，比较交流侧三相相电压瞬时值的大小，$u_V = u_W > 0$，但 $u_{g3} = 0$。晶闸管 VT_3 导通，即 $i_{T3} = i_d > 0$；直流侧负载电阻 R_d 的电压 $u_d = u_V > 0$；晶闸管 VT_1 承受电压 $u_{T1} = u_{UV} < 0$。

⑥当 $\omega t_4 < \omega t < \omega t_5$ 时，比较交流侧三相相电压瞬时值的大小，u_W 最大，但 $U_B > 0$，$u_{g5} = 0$。晶闸管 VT_3 导通，即 $i_{T3} = i_d > 0$；直流侧负载电阻 R_d 的电压 $u_d = u_V > 0$；晶闸管 VT_1 承受电压 $u_{Tl} = u_{UV} < 0$。

⑦当 $\omega t_5 \leqslant \omega t < \omega t_6$ 时，比较交流侧三相相电压瞬时值的大小，u_W 最大；在 $\omega t = \omega t_5$ 时刻，给晶闸管 VT_5 施加触发电压，$u_{g5} > 0$。晶闸管 VT_5 导通，即 $i_{T5} = i_d > 0$；直流侧负载电阻 R_d 的电压 $u_d = u_W > 0$；晶闸管 VT_1 承受电压 $u_{Tl} = u_{UW} < 0$。

⑧当 $\omega t = \omega t_6$ 时，比较交流侧三相相电压瞬时值的大小，$u_A = u_C > 0$，但 $u_{g1} = 0$。晶闸管 VT_5 导通，即 $i_{T5} = i_d > 0$；直流侧负载电阻 R_d 的电压 $u_d = u_W > 0$；晶闸管 VT_1 承受电压 $u_{T1} = u_{UW} = 0$。

⑨当 $\omega t_6 < \omega t < \omega t_1$ 时，比较交流侧三相相电压瞬时值的大小，u_V 最大，但 $u_W > 0$，$u_{g1} = 0$。晶闸管 VT_5 导通，即 $i_{T5} = i_d > 0$；直流侧负载电阻 R_d 的电压 $u_d = u_W > 0$；晶闸管 VT_1 承受电压 $u_{Tl} = u_{UW} > 0$。

2. 当 $a = 60°$ 时的波形分析

在交流电一个周期内，用 ωt 坐标点将波形分为九段，设电路已处于工作状态，下面逐段对波形进行分析：

①当 $\omega t_1 \leqslant \omega t < \omega t_2$ 时，比较交流侧三相相电压瞬时值的大小，u_U 最大；在 $\omega t = \omega t_1$ 时刻，给晶闸管 VT$_1$ 施加触发电压，$u_{g1} > 0$。晶闸管 VT$_1$ 导通，即 $i_{T1} = i_d > 0$；直流侧负载电阻 R_d 的电压 $u_d = u_U > 0$；晶闸管 VT$_1$ 承受电压 $u_{T1} = 0$。

②当 $\omega t = \omega t_2$ 时，比较交流侧三相相电压瞬时值的大小，$u_U = u_V > 0$，但 $u_{g3} = 0$。晶闸管 VT$_1$ 导通，即 $i_{T1} = i_d > 0$；直流侧负载电阻 R_d 的电压 $u_d = u_U > 0$；晶闸管 VT$_1$ 承受电压 $u_{T1} = 0$。

③当 $\omega t_2 < \omega t < \omega t_3$ 时，比较交流侧三相相电压瞬时值的大小，u_B 最大，但 $u_U > 0$，$u_{g3} = 0$。晶闸管 VT$_1$ 导通，即 $i_{T1} = i_d > 0$；直流侧负载电阻 R_d 的电压 $u_d = u_U > 0$；晶闸管 VT$_1$ 承受电压 $u_{T1} = 0$。

④当 $\omega t = \omega t_3$ 时，比较交流侧三相相电压瞬时值的大小，$u_U = 0$，$u_{g3} = 0$。晶闸管 VT$_1$ 关断，即 $i_T = i_d = 0$；直流侧负载电阻 R_d 的电压 $u_d = 0$；晶闸管 VT$_1$ 承受电压 $u_{T1} = u_U < 0$。

⑤当 $\omega t_3 \leqslant \omega t < \omega t_4$ 时，比较交流侧三相相电压瞬时值的大小，u_V 最大，但 $u_{g3} > 0$。晶闸管 VT 关断，即 $i_T = i_d = 0$；直流侧负载电阻 R_d 的电压 $u_d = 0$；晶闸管 VT$_1$ 承受电压 $u_{T1} = u_{UV} < 0$。

⑥当 $\omega t_4 < \omega t < \omega t_5$ 时，比较交流侧三相相电压瞬时值的大小，u_V 最大；在 $\omega t = \omega t_4$ 时刻，给晶闸管 VT$_3$ 施加触发电压，$u_{g3} > 0$。晶闸管 VT$_3$ 导通，即 $i_{T3} = i_d > 0$；直流侧负载电阻 R_d 的电压 $u_d = u_U > 0$；晶闸管 VT$_1$ 承受电压 $u_{T1} = u_{UV} < 0$。

⑦当 $\omega t = \omega t_5$ 时，比较交流侧三相相电压瞬时值的大小，u_W 最大；但 $u_{g5} = 0$。晶闸管 VT$_3$ 导通，即 $i_{T3} = i_d > 0$；直流侧负载电阻 R_d 的电压 $u_d = u_V > 0$；晶闸管 VT$_1$ 承受电压 $u_{T1} = u_{UV} < 0$。

⑧当 $\omega t_5 \leqslant \omega t < \omega t_6$ 时，比较交流侧三相相电压瞬时值的大小，u_W 最大，但 $u_V > 0$，$u_{g5} = 0$。晶闸管 VT$_3$ 导通，即 $i_{T3} = i_d > 0$；直流侧负载电阻 R_d 的电压 $u_d = u_V > 0$；晶闸管 VT$_1$ 承受电压 $u_{T1} = u_{UV} < 0$。

⑨当 $\omega t = \omega t_6$ 时，比较交流侧三相相电压瞬时值的大小，$u_V = 0$，但 $u_{g5} = 0$。晶闸管 VT 关断，即 $i_T = i_d = 0$；直流侧负载电阻 R_d 的电压 $u_d = 0$；晶闸管 VT$_1$ 承受电压 $u_{T1} = u_{Uw} < 0$。

⑩当 $\omega t_5 \leqslant \omega t < \omega t_6$ 时，比较交流侧三相相电压瞬时值的大小，u_C 最大；但 $u_{g5} = 0$。晶闸管 VT 关断，即 $i_T = i_d = 0$；直流侧负载电阻 R_d 的电压 $u_d = 0$；晶闸管 VT$_1$ 承受电压 $u_{T1} = u_{Uw} < 0$。

⑪当 $\omega t_7 \leqslant \omega t < \omega t_8$ 时，比较交流侧三相相电压瞬时值的大小，u_W 最大，在 $\omega t = \omega t_7$ 时刻，给晶闸管 VT$_5$ 施加触发电压，$u_{g5} > 0$。晶闸管 VT$_5$ 导通，即 $i_{T5} = i_d > 0$；直流侧

负载电阻 R_d 的电压 $u_d = u_W > 0$；晶闸管 VT_1 承受电压 $u_{Tl} = u_{UW} < 0$。

⑫当 $\omega t = \omega t_8$ 时，比较交流侧三相相电压瞬时值的大小，$u_U = u_W > 0$，但 $u_{g1} = 0$。晶闸管 VT_5 导通，即 $i_{T5} = i_d > 0$；直流侧负载电阻 R_d 的电压 $u_d = u_w > 0$；晶闸管 VT_1 承受电压 $u_{T1} = u_{UW} < 0$。

⑬当 $\omega t_8 \leqslant \omega t < \omega t_9$ 时，比较交流侧三相相电压瞬时值的大小，u_U 最大；但 $u_{g1} = 0$。晶闸管 VT_5 关断，即 $i_{T5} = i_d > 0$；直流侧负载电阻 R_d 的电压 $u_d = u_w > 0$；晶闸管 VT_1 承受电压 $u_{T1} = u_{UW} > 0$。

⑭当 $\omega t = \omega t_9$ 时，比较交流侧三相相电压瞬时值的大小，$u_W = 0$，$u_{g1} = 0$。晶闸管 VT 关断，即 $i_T = i_d = 0$；直流侧负载电阻 R_d 的电压 $u_d = 0$；晶闸管 VT_1 承受电压 $u_{T1} = u_{Uw} > 0$。

⑮当 $\omega t_9 \leqslant \omega t < \omega t_1$ 时，比较交流侧三相相电压瞬时值的大小，u_U 最大，但 $u_{g1} = 0$。晶闸管 VT 关断，即 $i_T = i_d = 0$；直流侧负载电阻 R_d 的电压 $u_d = 0$；晶闸管 VT_1 承受电压 $u_{Tl} = u_U > 0$。

由上述分析可得出结论：当 $a \leqslant 30°$ 时，电压电流波形连续，各相晶闸管导通角均为 $120°$；当 $a > 30°$ 时，电压电流波形断续，各相晶闸管导通角均为 $150° - a$。阻性负载时控制角的移相范围为 $0° \sim 150°$。

（二）参数计算

①输出端直流电压（平均值）U_d。

当 $a \leqslant 30°$ 时，

$$U_d = \frac{3}{2\pi} \int_{\frac{\pi}{6} \div a}^{\frac{5\pi}{6} \div a} \sqrt{2} U_2 \sin \omega t d(\omega t) = 1.17 U_2 \cos \alpha$$

（4-2）

当 $a < 30°$ 时，

$$U_d = \frac{3}{2\pi} \int_{\frac{\pi}{6} \div a}^{\pi} \sqrt{2} U_2 \sin \omega t d(\omega t) = 0.675 U_2 \left[1 \div \cos \left(\frac{\pi}{6} \div \alpha \right) \right]$$

（4-3）

②晶闸管可能承受的最大正向电压为 $\sqrt{2} U_2$，最大反向电压为 $\sqrt{6} U_2$，移相范围为 $0° \sim 150°$。

二、电感性负载

（一）电感性负载的波形分析

在交流电一个周期内，用 ωt 坐标点将波形分为九段，设电路已处于工作状态，下面

逐段对波形进行分析:

①当 $\omega t_1 \leqslant \omega t < \omega t_2$,比较交流侧三相相电压瞬时值的大小,$u_U$ 最大;在 $\omega t = \omega t_1$ 时刻,给晶闸管 VT_1 施加触发电压,$u_{g1} > 0$。晶闸管 VT_1 导通,即 $i_{T1} = i_d > 0$;直流侧负载的电压 $u_d = u_U > 0$;晶闸管 VT_1 承受电压 $u_{T1} = 0$。

②当 $\omega t = \omega t_2$ 时,比较交流侧三相相电压瞬时值的大小,$u_U = u_V > 0$,但 $u_{g3} = 0$。晶闸管 VT_1 导通,即 $i_{T1} = i_d > 0$;直流侧负载的电压 $u_d = u_U > 0$;晶闸管 VT_1 承受电压 $u_{T1} = 0$。

③当 $\omega t_2 < \omega t < \omega t_3$ 时,比较交流侧三相相电压瞬时值的大小,u_V 最大,但 $u_U > 0$,$u_{g3} = 0$。晶闸管 VT_1 导通,即 $i_{T1} = i_d > 0$;直流侧负载电压 $u_d = u_U > 0$;晶闸管 VT_1 承受电压 $u_{T1} = 0$。

④当 $\omega t = \omega t_3$ 时,比较交流侧三相相电压瞬时值的大小,$u_U = 0$,$u_{g3} = 0$。电感产生的感生电动势 u_L 极性是上负下正,在 u_L 作用下,晶闸管 VT_1 承受正向阳极电压。晶闸管 VT_1 导通,即 $i_{T1} = i_d > 0$;直流侧负载电压 $u_d = u_U = 0$;晶闸管 VT_1 承受电压 $u_{T1} = 0$。

⑤当 $\omega t_3 < \omega t < \omega t_4$ 时,比较交流侧三相相电压瞬时值的大小,$u_U < 0$,u_V 最大,但 $u_{g3} = 0$。在 $|u_L| - |u_U| > 0$ 作用下,晶闸管 VT_1 承受正向阳极电压。晶闸管 VT_1 导通,即 $i_{T1} = i_d > 0$;直流侧负载电压 $u_d = u_U = 0$;晶闸管 VT_1 承受电压 $u_{T1} = 0$。

⑥当 $\omega t_4 \leqslant \omega t < \omega t_5$ 时,比较交流侧三相相电压瞬时值的大小,u_V 最大;在 $\omega t = \omega t_4$ 时刻,给晶闸管 VT_3 施加触发电压,$u_{g3} > 0$。晶闸管 VT_3 导通,即 $i_{T3} = i_d > 0$;直流侧负载电压 $u_d = u_V > 0$,晶闸管 VT_1 承受电压 $u_{T1} = u_{UV} < 0$。

⑦当 $\omega t = \omega t_5$ 时,比较交流侧三相相电压瞬时值的大小,$u_V = 0$,但 $u_{g5} = 0$。晶闸管 VT_3 导通,即 $i_{T3} = i_d > 0$;直流侧负载电压 $u_d = u_V > 0$;晶闸管 VT_1 承受电压 $u_{T1} = u_{UV} < 0$。

⑧当 $\omega t_5 < \omega t < \omega t_6$,比较交流侧三相相电压瞬时值的大小,$u_W = 0$ 最大,但 $u_V > 0$,$u_{g5} = 0$。晶闸管 VT_3 导通,即 $i_{T3} = i_d > 0$;直流侧负载电压 $u_d = u_V > 0$;晶闸管 VT_1 承受电压 $u_{T1} = u_{UV} < 0$。

⑨当 $\omega t = \omega t_6$ 时,比较交流侧三相相电压瞬时值的大小,$u_V = 0$,$u_{g5} = 0$。电感产生的感生电动势 u_L 极性是上负下正,在 u_L 作用下,晶闸管 VT_3 承受正向阳极电压。晶闸管 VT_3 导通,即 $i_{T3} = i_d > 0$;直流侧负载电压 $u_d = u_V = 0$;晶闸管 VT_1 承受电压 $u_{T1} = u_{UV} < 0$。

⑩当 $\omega t_6 < \omega t < \omega t_7$ 时,比较交流侧三相相电压瞬时值的大小,$u_V < 0$,u_W 最大,但 $u_{g5} = 0$。在 $|u_L| - |u_V| > 0$ 作用下,晶闸管 VT_3 承受正向阳极电压。晶闸管 VT_3 导通,即

$i_{T3} = i_d > 0$ 直流侧负载电压 $u_d = u_B < 0$；晶闸管 VT_1 承受电压 $u_{T1} = u_{UV} < 0$。

⑪当 $\omega t_7 \leqslant \omega t < \omega t_8$ 时，比较交流侧三相相电压瞬时值的大小，u_W 最大；在 $\omega t = \omega t_7$ 时刻，给晶闸管 VT_5 施加触发电压，$u_{g5} > 0$。晶闸管 VT_5 导通，即 $i_{TS} = i_d > 0$；直流侧负载电压 $u_d = u_W > 0$；晶闸管 VT_1 承受电压 $u_{T1} = u_{UV} < 0$。

⑫当 $\omega t = \omega t_8$ 时，比较交流侧三相相电压瞬时值的大小，$u_U = u_W > 0$，但 $u_{g1} = 0$。晶闸管 VT_5 导通，即 $i_{T5} = i_d > 0$；直流侧负载电压 u_d $u_W > 0$；晶闸管 VT_1 承受电压 $u_{T1} = u_{UV} < 0$。

⑬当 $\omega t_8 < \omega t < \omega t_9$ 时，比较交流侧三相相电压瞬时值的大小，最大，但 $u_{g1} = 0$。晶闸管 VT_5 导通，即 $i_{T5} = i_d > 0$；直流侧负载电压 $u_d = u_W > 0$；晶闸管 VT_1 承受电压 $u_{T1} = u_{UV} < 0$。

⑭当 $\omega t = \omega t_9$ 时，比较交流侧三相相电压瞬时值的大小，$u_V = 0$，$u_{g1} = 0$。电感产生的感生电动势 u_L 极性是上负下正，在 u_L 作用下，晶闸管 VT_5 承受正向阳极电压。晶闸管 VT_5 导通，即 $i_{T5} = i_d > 0$；直流侧负载电压 $u_d = u_V = 0$；晶闸管 VT_1 承受电压 $u_{T1} = u_{UV} > 0$。

⑮当 $\omega t_9 < \omega t < \omega t_1$ 时，比较交流侧三相相电压瞬时值的大小，$u_W < 0$，u_U 最大，但 $u_{g5} = 0$。在 $|u_L| - |u_V| > 0$ 作用下，晶闸管 VT_5 承受正向阳极电压。晶闸管 VT_5 导通，即 $i_{T5} = i_d > 0$ 直流侧负载电压 $u_d = u_B < 0$；晶闸管 VT_1 承受电压 $u_{T1} = u_{UV} > 0$。

（二）参数计算

①输出端直流电压（平均值）U_d。

$$U_d = \frac{3}{2\pi} \int_{\frac{\pi}{6}+a}^{\frac{5\pi}{6}+a} \sqrt{2} U_2 \sin \omega t d(\omega t) = 1.17 U_2 \cos \alpha$$

（4-4）

②晶闸管可能承受的最大正向、反向电压均为 $\sqrt{6} \, U_2$，移相范围为 $0° \sim 90°$。

三、电感性负载并接续流二极管

（一）电感性负载并接续流二极管时的波形分析

在交流电一个周期内，用 ωt 坐标点将波形分为九段，设电路已处于工作状态，下面逐段对波形进行分打：

①当 $\omega t_1 \leqslant \omega t < \omega t_2$，比较交流侧三相相电压瞬时值的大小，$u_U$ 最大；在 $\omega t = \omega t_1$ 时

刻，给晶闸管 VT_1 施加触发电压，$u_{g1} > 0$。晶闸管 VT_1 导通，即 $i_{TI} = i_d > 0$；直流侧负载的电压 $u_d = u_U > 0$；晶闸管 VT_1 承受电压 $u_{T1} = 0$。

②当 $\omega t = \omega t_2$ 时，比较交流侧三相相电压瞬时值的大小，$u_U = u_V > 0$，但 $u_{g3} = 0$。晶闸管 VT_1 导通，即 $i_{TI} = i_d > 0$；直流侧负载的电压 $u_d = u_U > 0$；晶闸管 VT_1 承受电压 $u_{TI} = 0$。

③当 $\omega t_2 < \omega t < \omega t_3$ 时，比较交流侧三相相电压瞬时值的大小，u_V 最大，但 $u_U > 0$，$u_{g3} = 0$。晶闸管 VT_1 导通，即 $i_{T1} = i_d > 0$；直流侧负载电压 $u_d = u_U > 0$；晶闸管 VT_1 承受电压 $u_{TI} = 0$。

④当 $\omega t = \omega t_3$ 时，比较交流侧三相相电压瞬时值的大小，$u_U = 0$，$u_{g3} = 0$。电感产生的感生电动势 u_L 极性是上负下正，在 u_L 作用下，晶闸管 VT_1 承受正向阳极电压。晶闸管 VT_1 导通，即 $i_{TI} = i_d > 0$；直流侧负载电压 $u_d = u_U = 0$；晶闸管 VT_1 承受电压 $u_{TI} = 0$。

⑤当 $\omega t_3 < \omega t < \omega t_4$ 时，比较交流侧三相相电压瞬时值的大小，$u_U < 0$，u_V 最大，但 $u_{g3} = 0$。电感产生的感生电动势 u_L 极性是上负下正，在 u_L 作用下，续流管 VD 继续续流导通，晶闸管 VT_1 承受正向阳极电压。晶闸管 VT_1 关断，续流管 VD 导通，即 $i_D = i_d > 0$；直流侧负载电压 $u_d = 0$；晶闸管 VT_1 承受电压 $u_{T1} = u_U < 0$。

（二）参数计算

①输出端直流电压（平均值）U_d。

当 $a \leqslant 30°$ 时，

$$U_d = \frac{3}{2\pi} \int_{\frac{\pi}{6} \div a}^{\frac{5\pi}{6} \div a} \sqrt{2} U_2 \sin \omega t d(\omega t) = 1.17 U_2 \cos \alpha$$

（4-5）

当 $a < 30°$ 时，

$$U_d = \frac{3}{2\pi} \int_{\frac{\pi}{6} \div a}^{\pi} \sqrt{2} U_2 \sin \omega t d(\omega t) = 0.675 U_2 \left[1 \div \cos \left(\frac{\pi}{6} \div \alpha \right) \right]$$

（4-6）

②晶闸管可能承受的最大正向为 $\sqrt{2}\,U_2$、最大反向电压均为 $\sqrt{6}\,U_2$，移相范围为 $0° \sim 150°$。

第三节　共阳极三相半波可控整流电路

将三只晶闸管的阳极连接在一起，这种接法叫共阳极接法。在某些整流装置中，考虑能共用一块大散热器与安装方便采用共阳极接法，缺点是要求三个管子的触发电路输出端彼此绝缘。电路分析方法同共阴极接法电路，所不同的是：由于晶闸管方向改变，它在电源电压 u_2 负半波时承受正向电压，因此，只能在 u_2 的负半波被触发导通，电流的实际方向也改变了。显然，共阳极接法的三只晶闸管的自然换相点为电源相电压负半波相连交点 2、4、6 点，即控制角 α =0° 的点，若在此时送上脉冲，则整流电压 u 波形是电源相电压负半波的包络线。

控制角 α =30° 时电感性负载时的电压、电流波形。设电路已稳定工作，此时 VT_6 已导通，到交点 2，虽然 W 相相电压负值更大，VT_2 承受正向电压，但脉冲还没有来，VT_6 继续导通，输出电压 u_d 波形为 u_b 波形。到 ωt_1 时刻，u_{g2} 脉冲到来触发 VT_2，VT_2 管导通，VT_6 因承受反压而关断，输出电压 u_d 的波形为 u_W 波形，如此循环下去。电流波形画在横轴下面，表示电流的实际方向与图中假定的方向相反。

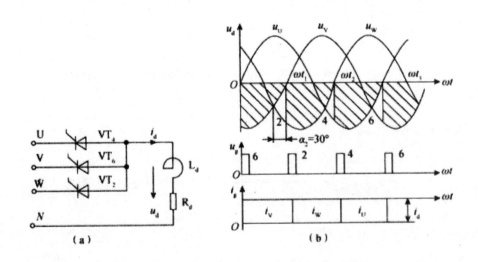

图 4-1　共阳极三相半波可控整流电路及波形图

（a）电路图　（b）波形图

输出平均电压 U_d 的计算公式如下：

$$U_d = \frac{3}{2\pi} \int_{\frac{\pi}{6}+a}^{\frac{5\pi}{6}+a} -\sqrt{2}U_2 \sin \omega t d(\omega t) = -1.17U_2 \cos \alpha$$

（4-7）

三相半波整流电路只需三只晶闸管，与单相整流相比，输出电压脉冲小、输出功率大、三相负载平衡。其不足之处是整流变压器二次侧只有1/3周期有单方向电流通过，变压器使用率低，且直流分量造成变压器直流磁化。为克服直流磁化引起的较大漏磁通，须增大变压器截面增加用铁用铜量。因此，三相半波电路应用受到限制，在较大容量或性能要求高时，广泛采用三相桥式可控整流电路。

第四节　三相全控桥式整流电路

一、电阻性负载

（一）电路结构

I. 电路成串联结构

三相全控桥式整流电路相当于两组三相半波电路的串联，其中一组来自共阴极组，另一组来自共阳极组。

2. 对晶闸管的编号要求

三相全控桥式整流电路共使用六只晶闸管元件，这六只晶闸管的编号是有严格规定的，即每只晶闸管的编号与其所对应的自然换相点的点号保持一致。三相交流电正半周期相电压的交点（自然换相点）是1、3、5，那么对应共阴极组晶闸管的编号就应该是VT_1、VT_3、VT_5；三相交流电负半周期相电压的交点（自然换相点）是4、6、2，那么对应共阳极组晶闸管的编号就应该是VT_4、VT_6、VT_2。

3. 对触发脉冲的要求

由于三相全控桥式整流电路相当于两组三相半波电路的串联，要想使整个电路构成电流通路就必须保证共阴极组和共阳极组应各有一个晶闸管同时导通。因此，三相全控桥主电路要求触发电路必须同时输出两个触发脉冲，一个去触发共阴极组晶闸管，另一个去触发共阳极组晶闸管，即触发脉冲必须成对出现。

由于晶闸管的编号有严格规定，这就决定了晶闸管的导通也有严格顺序要求，正常情况下触发脉冲出现的顺序是按照晶闸管的编号顺序依次出现。

（二）波形分析

1. 当 $a=30°$ 时的波形分析

在交流电一个周期内，用 ωt 坐标点将波形分为六段，设电路已处于工作状态，下面逐段对波形进行分析：

①当 $\omega t_1 \leqslant \omega t < \omega t_2$ 时，在 $\omega t = \omega t_1$ 时刻，触发脉冲出现的顺序是 $u_{g6} = u_{g1} > 0$；比较交流侧三相相电压瞬时值 u_U、u_V 的大小，此段 u_U 最大，u_V 最小，即 $u_{UV} > 0$。晶闸管 VT_6、VT_1 导通，即 $i_{T6} = i_{T1} = i_d > 0$；直流侧负载的电压 $u_d = u_{UV} > 0$。

②当 $\omega t_2 \leqslant \omega t < \omega t_3$ 时，在 $\omega t = \omega t_2$ 时刻，触发脉冲出现的顺序是 $u_{g1} = u_{g2} > 0$；比较交流侧三相相电压瞬时值 u_U、u_W 的大小，此段 u_U 最大，u_W 最小，即 $u_{UW} > 0$。晶闸管 VT_1、VT_2 导通，即 $i_{T1} = i_{T2} = i_d > 0$；直流侧负载的电压 $u_d = u_{UW} > 0$。

③当 $\omega t_3 \leqslant \omega t < \omega t_4$ 时，在 $\omega t = \omega t_3$ 时刻，触发脉冲出现的顺序是 $u_{g2} = u_{g3} > 0$；比较交流侧三相相电压瞬时值 u_V、u_W 的大小，此段 u_V 最大，u_W 最小，即 $u_{VW} > 0$。晶闸管 VT_2、VT_3 导通，即 $i_{T2} = i_{T3} = i_d > 0$；直流侧负载的电压 $u_d = u_{VW} > 0$。

④当 $\omega t_4 \leqslant \omega t < \omega t_5$ 时，在 $\omega t = \omega t_4$ 时刻，触发脉冲出现的顺序是 $u_{g3} = u_{g4} > 0$；比较交流侧三相相电压瞬时值 u_V、u_U 的大小，此段 u_V 最大，u_U 最小，即 $u_{UV} > 0$。晶闸管 VT_3、VT_4 导通，即 $i_{T3} = i_{T4} = i_d > 0$；直流侧负载的电压 $u_d = u_{VW} > 0$。

⑤当 $\omega t_5 \leqslant \omega t < \omega t_6$ 时，在 $\omega t = \omega t_5$ 时刻，触发脉冲出现的顺序是 $u_{g4} = u_{g5} > 0$；比较交流侧三相相电压瞬时值 u_W、u_U 的大小，此段 u_W 最大，u_U 最小，即 $u_{VW} > 0$。晶闸管 VT_4、VT_5 导通，即 $i_{T4} = i_{T5} = i_d > 0$；直流侧负载的电压 $u_d = u_{VW} > 0$。

⑥当 $\omega t_6 \leqslant \omega t < \omega t_7$ 时，在 $\omega t = \omega t_6$ 时刻，触发脉冲出现的顺序是 $u_{g4} = u_{g5} > 0$；比较交流侧三相相电压瞬时值 u_W、u_V 的大小，此段 u_W 最大，u_V 最小，即 $u_{VW} > 0$。晶闸管 VT_5、VT_6 导通，即 $i_{T5} = i_{T6} = i_d > 0$；直流侧负载的电压 $u_d = u_{VW} > 0$。

2. 当 $a=60°$ 时的波形分析

在交流电一个周期内，用 ωt 坐标点将波形分为六段，设电路已处于工作状态，下面逐段对波形进分析：

①当 $\omega t_1 \leqslant \omega t < \omega t_2$ 时，在 $\omega t = \omega t_1$ 时刻，触发脉冲出现的顺序是 $u_{g6} = u_{g1} > 0$；比

较交流侧三相相电压瞬时值 u_U、u_V 的大小，此段 u_U 最大，u_V 最小，即 $u_{UV} > 0$。晶闸管 VT_6、VT_1 导通，即 $i_{T6} = i_{T1} = i_d > 0$；直流侧负载的电压 $u_d = u_{UV} > 0$。

②当 $\omega t_2 \leqslant \omega t < \omega t_3$ 时，在 $\omega t = \omega t_2$ 时刻，触发脉冲出现的顺序是 $u_{g1} = u_{g2} > 0$；比较交流侧三相相电压瞬时值 u_U、u_W 的大小，此段 u_U 最大，u_W 最小，即 $u_{UW} > 0$。晶闸管 VT_1、VT_2 导通，即 $i_{T1} = i_{T2} = i_d > 0$；直流侧负载的电压 $u_d = u_{UW} > 0$。

③当 $\omega t_3 \leqslant \omega t < \omega t_4$ 时，在 $\omega t = \omega t_3$ 时刻，触发脉冲出现的顺序是 $u_{g2} = u_{g3} > 0$；比较交流侧三相相电压瞬时值 u_V、u_W 的大小，此段 u_V 最大，u_W 最小，即 $u_{VW} > 0$。晶闸管 VT_2、VT_3 导通，即 $i_{T2} = i_{T3} = i_d > 0$；直流侧负载的电压 $u_d = u_{VW} > 0$。

④当 $\omega t_4 \leqslant \omega t < \omega t_5$ 时，在 $\omega t = \omega t_4$ 时刻，触发脉冲出现的顺序是 $u_{g3} = u_{g4} > 0$；比较交流侧三相相电压瞬时值 u_V、u_U 的大小，此段 u_V 最大，u_U 最小，即 $u_{UW} > 0$。晶闸管 VT_3、VT_4 导通，即 $i_{T3} = i_{T4} = i_d > 0$；直流侧负载的电压 $u_d = u_{VW} > 0$。

⑤当 $\omega t_5 \leqslant \omega t < \omega t_6$ 时，在 $\omega t = \omega t_5$ 时刻，触发脉冲出现的顺序是 $u_{g4} = u_{g5} > 0$；比较交流侧三相相电压瞬时值 u_W、u_U 的大小，此段 u_W 最大，u_U 最小，即 $u_{VW} > 0$。晶闸管 VT_4、VT_5 导通，即 $i_{T4} = i_{T5} = i_d > 0$；直流侧负载的电压 $u_d = u_{VW} > 0$。

⑥当 $\omega t_6 \leqslant \omega t < \omega t_7$ 时，在 $\omega t = \omega t_5$ 时刻，触发脉冲出现的顺序是 $u_{g4} = u_{g5} > 0$；比较交流侧三相相电压瞬时值 u_W、u_V 的大小，此段 u_W 最大，u_V 最小，即 $u_{VW} > 0$。晶闸管 VT_5、VT_6 导通，即 $i_{T5} = i_{T6} = i_d > 0$；直流侧负载的电压 $u_d = u_{VW} > 0$。

3. 当 $a = 90°$ 时的波形分析

在交流电一个周期内，用 ωt 坐标点将波形分为十二段，设电路已处于工作状态，下面逐段对波形进行分析：

①当 $\omega t_1 \leqslant \omega t < \omega t_2$ 时，在 $\omega t = \omega t_1$ 时刻，触发脉冲出现的顺序是 $u_{g6} = u_{g1} > 0$；比较交流侧三相相电压瞬时值 u_U、u_V 的大小，此段 u_U 最大，u_V 最小，即 $u_{VW} > 0$。晶闸管 VT_6、VT_1 导通，即 $i_{T6} = i_{Tl} = i_d > 0$；直流侧负载的电压 $u_d = u_{UW} > 0$。

②当 $\omega t_2 \leqslant \omega t < \omega t_3$ 时，在 $\omega t = \omega t_2$ 时刻，$u_U = u_V$，$u_{UW} > 0$；但过 ωt_2 以后，$u_{UV} < 0$。晶闸管 VT_6、VT_1 关断，即 $i_T = i_d > 0$；直流侧负载的电压 $u_d = 0$。

③当 $\omega t_3 \leqslant \omega t < \omega t_4$ 时，在 $\omega t = \omega t_3$ 时刻，触发脉冲出现的顺序是 $u_{g1} = u_{g2} > 0$；比较交流侧三相相电压瞬时值 u_U、u_W 的大小，此段 u_U 最大，u_W 最小，即 $u_{UW} > 0$。晶闸管 VT_1、VT_2 导通，即 $i_{T1} = i_{T2} = i_d > 0$；直流侧负载的电压 $u_d = u_{UW} > 0$。

④当 $\omega t_4 \leqslant \omega t < \omega t_5$ 时，在 $\omega t = \omega t_4$ 时刻，$u_U = u_W$，$u_{UW} = 0$；但过 ωt_4 以后，$u_{UW} < 0$。晶闸管 VT_2、VT_1 关断，即 $i_T = i_d = 0$；直流侧负载的电压 $u_d = 0$。

⑤当 $\omega t_5 \leqslant \omega t < \omega t_6$ 时，在 $\omega t = \omega t_5$ 时刻，触发脉冲出现的顺序是 $u_{g2} = u_{g3} > 0$；比

较交流侧三相相电压瞬时值 u_W、u_V 的大小，此段 $u_{VW} > 0$。晶闸管 VT_2、VT_3 导通，即 $i_{T2} = i_{T3} = i_d > 0$；直流侧负载的电压 $u_d = u_{VW} > 0$。

⑥当 $\omega t_6 \leqslant \omega t < \omega t_7$ 时，在 $\omega t = \omega t_6$ 时刻，$u_V = u_W$，$u_{VW} = 0$；但过 ωt_6 以后，$u_{VW} < 0$。晶闸管 VT_2、VT_3 关断，即 $i_T = i_d = 0$；直流侧负载的电压 $u_d = 0$。

⑦当 $\omega t_7 \leqslant \omega t < \omega t_8$ 时，在 $\omega t = \omega t_7$ 时刻，触发脉冲出现的顺序是 $u_{g3} = u_{g4} > 0$；比较交流侧三相相电压瞬时值 u_U、u_V 的大小，此段 $u_{VW} > 0$。晶闸管 VT_4、VT_3 导通，即 $i_{T3} = i_{T4} = i_d > 0$；直流侧负载的电压 $u_d = u_{VW} > 0$。

⑧当 $\omega t_8 \leqslant \omega t < \omega t_9$ 时，在 $\omega t = \omega t_8$ 时刻，$u_V = u_U$，$u_{VW} = 0$；但过 ωt_8 以后，$u_{VU} < 0$。晶闸管 VT_4、VT_3 关断，即 $i_T = i_d = 0$；直流侧负载的电压 $u_d = 0$。

⑨当 $\omega t_9 \leqslant \omega t < \omega t_{10}$ 时，在 $\omega t = \omega t_9$ 时刻，触发脉冲出现的顺序是 $u_{g4} = u_{g5} > 0$；比较交流侧三相相电压瞬时值 u_U、u_W 的大小，此段 $u_{WU} > 0$。晶闸管 VT_4、VT_5 导通，即 $i_{T4} = i_{T5} = i_d > 0$；直流侧负载的电压 $u_d = u_{UW} > 0$。

⑩当 $\omega t_{10} \leqslant \omega t < \omega t_{11}$ 时，在 $\omega t = \omega t_{10}$ 时刻，$u_W = u_U$，$u_{WU} = 0$；但过 ωt_{10} 以后，$u_{WU} < 0$。晶闸管 VT_4、VT_5 关断，即 $i_T = i_d = 0$；直流侧负载的电压 $u_d = 0$。

⑪当 $\omega t_{11} \leqslant \omega t < \omega t_{12}$ 时，在 $\omega t = \omega t_{11}$ 时刻，触发脉冲出现的顺序是 $u_{g5} = u_{g6} > 0$；比较交流侧三相相电压瞬时值 u_W、u_V 的大小，此段 $u_{WV} > 0$。晶闸管 VT_6、VT_5 导通，即 $i_{T5} = i_{T6} = i_d > 0$；直流侧负载的电压 $u_d = u_{VW} > 0$。

⑫当 $\omega t_{12} \leqslant \omega t < \omega t_1$ 时，在 $\omega t = \omega t_{12}$ 时刻，$u_W = u_V$，$u_{WV} = 0$；但过 ωt_{12} 以后，$u_{WV} < 0$。晶闸管 VT_6、VT_5 关断，即 $i_T = i_d = 0$；直流侧负载的电压 $u_d = 0$。

（三）参数计算

①输出端直流电压（平均值）U_d。

当 $0° \leqslant \alpha \leqslant 60°$ 时，

$$U_d = 2.34U_2 \frac{1+\cos\alpha}{2}$$

（4-8）

当 $60° \leqslant \alpha \leqslant 120°$ 时，

$$U_d = 2.34U_2 \left[1+\cos\left(\frac{\pi}{6} + \alpha \right) \right]$$

（4-9）

②晶闸管可能承受的最大正向、反向电压均为 $\sqrt{6}\,U_2$，移相范围为 $0°$ ~ $120°$。

二、电感性负载

（一）波形分析

在交流电一个周期内，用 ωt 坐标点将波形分为十二段，设电路已处于工作状态，下面对波形逐段进行分析：

①当 $\omega t_1 \leqslant \omega t < \omega t_2$ 时，在 $\omega t = \omega t_1$ 时刻，触发脉冲出现的顺序是 $u_{g6} = u_{g1} > 0$；比较交流侧三相相电压瞬时值 u_U、u_V 的大小，此段 $u_{UV} > 0$。晶闸管 VT_6、VT_1 导通，即 $i_{T6} = i_{T1} = i_d > 0$；直流侧负载的电压 $u_d = u_{UV} > 0$。

②当 $\omega t_2 \leqslant \omega t < \omega t_3$ 时，在 $\omega t = \omega t_2$ 时刻，$u_U = u_V$，$u_{UV} = 0$；但过 ωt_2 以后，$u_{UV} < 0$。在电感 u_L 作用下，$|u_L| > |u_{UV}|$。晶闸管 VT_6、VT_1 导通，即 $i_{T6} = i_{T1} = i_d > 0$；直流侧负载的电压 $u_d = u_{UV} < 0$。

③当 $\omega t_3 \leqslant \omega t < \omega t_4$ 时，在 $\omega t = \omega t_3$ 时刻，触发脉冲出现的顺序是 $u_{g1} = u_{g2} > 0$；比较交流侧三相相电压瞬时值 u_U、u_W 的大小，此段 $u_{UW} > 0$。晶闸管 VT_1、VT_2 导通，即 $i_{T1} = i_{T2} = i_d > 0$；直流侧负载的电压 $u_d = u_{UV} < 0$。

④当 $\omega t_4 \leqslant \omega t < \omega t_5$ 时，在 $\omega t = \omega t_4$ 时刻，$u_U = u_W$，$u_{UW} = 0$；但过 ωt_4 以后，$u_{UW} < 0$。在电感 u_L 作用下，$|u_L| > |u_{UW}|$。晶闸管 VT_1、VT_2 导通，即 $i_{T1} = i_{T2} = i_d > 0$；直流侧负载的电压 $u_d = u_{UW} < 0$。

⑤当 $\omega t_5 \leqslant \omega t < \omega t_6$ 时，在 $\omega t = \omega t_5$ 时刻，触发脉冲出现的顺序是 $u_{g2} = u_{g3} > 0$；比较交流侧三相相电压瞬时值 u_W、u_V 的大小，此段 $u_{VW} > 0$。晶闸管 VT_2、VT_3 导通，即 $i_{T2} = i_{T3} = i_d > 0$；直流侧负载的电压 $u_d = u_{VW} > 0$。

⑥当 $\omega t_6 \leqslant \omega t < \omega t_7$，时，在 $\omega t = \omega t_6$ 时刻，$u_V = u_W$，$u_{VW} = 0$；但过 ωt_6 以后，$u_{VW} < 0$。在电感 u_L 作用下，$|u_L| > |u_{VW}|$。晶闸管 VT_3、VT_2 导通，即 $i_{T3} = i_{T2} = i_d > 0$；直流侧负载的电压 $u_d = u_{VW} < 0$。

⑦当 $\omega t_7 \leqslant \omega t < \omega t_8$ 时，在 $\omega t = \omega t_7$ 时刻，触发脉冲出现的顺序是 $u_{g3} = u_{g4} > 0$；比较交流侧三相相电压瞬时值 u_U、u_V 的大小，此段 $u_{VU} > 0$。晶闸管 VT_4、VT_3 导通，即 $i_{T4} = i_{T3} = i_d > 0$；直流侧负载的电压 $u_d = u_{VU} > 0$。

⑧当 $\omega t_8 \leqslant \omega t < \omega t_9$ 时，在 $\omega t = \omega t_8$ 时刻，$u_U = u_V$，$u_{UV} = 0$；但过 ωt_8 以后，$u_{UV} < 0$。在电感 u_L 作用下，$|u_L| > |u_{UV}|$。晶闸管 VT_3、VT_4 导通，即 $i_{T3} = i_{T4} = i_d > 0$；直流侧负载的电压 $u_d = u_{UV} < 0$。

⑨当 $\omega t_9 \leqslant \omega t < \omega t_{10}$ 时，在 $\omega t = \omega t_9$ 时刻，触发脉冲出现的顺序是 $u_{g4} = u_{g5} > 0$；比较交流侧三相相电压瞬时值 u_W、u_U 的大小，此段 $u_{WU} > 0$。晶闸管 VT_4、VT_5 导通，即 $i_{T4} = i_{T5} = i_d > 0$；直流侧负载的电压 $u_d = u_{WU} > 0$。

⑩ 当 $\omega t_{10} \leqslant \omega t < \omega t_{11}$ 时，在 $\omega t = \omega t_{10}$ 时刻，$u_U = u_W$，$u_{UW} = 0$；但过 ωt_{10} 以后，$u_{UW} < 0$。在电感 u_L 作用下，$|u_L| > |u_{UW}|$。晶闸管 VT_5、VT_4 导通，即 $i_{T5} = i_{T4} = i_d > 0$；直流侧负载的电压 $u_d = u_{UW} < 0$。

⑪ 当 $\omega t_{11} \leqslant \omega t < \omega t_{12}$ 时，在 $\omega t = \omega t_{11}$ 时刻，触发脉冲出现的顺序是 $u_{g6} = u_{g5} > 0$；比较交流侧三相相电压瞬时值 u_W、u_V 的大小，此段 $u_{WV} > 0$。晶闸管 VT_6、VT_5 导通，即 $i_{T6} = i_{T5} = i_d > 0$；直流侧负载的电压 $u_d = u_{WV} > 0$。

⑫ 当 $\omega t_{12} \leqslant \omega t < \omega t_1$ 时，在 $\omega t = \omega t_{12}$ 时刻，$u_V = u_W$，$u_{VW} = 0$；但过 ωt_{12} 以后，$u_{VW} < 0$。在电感 u_L 作用下，$|u_L| > |u_{VW}|$。晶闸管 VT_5、VT_6 导通，即 $i_{T5} = i_{T6} = i_d > 0$；直流侧负载的电压 $u_d = u_{VW} < 0$。

（二）参数计算

①输出端直流电压（平均值）U_d。

$$U_d = 2.34 U_2 \cos \alpha$$

（4-10）

②晶闸管可能承受的最大正向、反向电压均为 $\sqrt{6}\, U_2$，移相范围为 $0° \sim 90°$。

三、电感性负载并接续流二极管

在交流电一个周期内，用 ωt 坐标点将波形分为十二段，设电路已处于工作状态，下面以 ωt_2 点为例，对续流二极管作用进行分析：

在 $\omega t = \omega t_2$ 时刻，$u_U = u_V$，$u_{UV} = 0$；此时在续流二极管 VD 的钳位作用下，晶闸管 VT_6、VT_1 自然关断。

三相全控桥整流电路输出电压脉动小，脉动频率高。与三相半波电路相比，在电源电压相同、控制角一样时，输出电压提高一倍。又因为整流变压器二次绕组电流没有直流分量，不存在铁芯被直流磁化问题，故绕组和铁芯利用率高，所以，被广泛应用在大功率直流电动机调速系统，以及对整流的各项指标要求较高的整流装置上。

第五节　三相半控桥式整流电路

一、电阻性负载

（一）电路结构

I. 电路成串联结构

三相半控桥式整流电路相当于两组三相半波电路的串联，其中一组来自可控的共阴极组，三个晶闸管只有在脉冲触发点才能换流到阳极电位更高的一相中去；另一组来自不可控的共阳极组，三个共阳连接的二极管总在三相相电压波形负半周的自然换相点换流，使电流换到阴极电位更低的一相中去。

2. 对元件的编号要求

三相半控桥式整流电路共使用六只整流元件，对应共阴极组晶闸管的编号是 VT_1、VT_3、VT_5；对应共阳极组二极管的编号是 VD_4、VD_6、VD_2。

3. 对触发脉冲的要求

由于三相半控桥式整流电路相当于两组三相半波电路的串联，其中共阳极组是不可控的，所以，触发电路只须给共阴极组的三只晶闸管施加相隔 120° 的单窄脉冲即可。

（二）波形分析

I. 当 $a = 30°$ 时的波形分析

在交流电一个周期内，用 ωt 坐标点将波形分为六段，设电路已处于工作状态，下面对波形逐段进行分析：

①当 $\omega t_1 \leqslant \omega t < \omega t_2$ 时，在 $\omega t = \omega t_1$ 时刻，$u_{g1} > 0$；比较交流侧三相相电压瞬时值 u_V 最小，即 $u_{UV} > 0$。二极管 VD_6、晶闸管 VT_1 导通，即 $i_{D6} = i_{T1} = i_d > 0$；直流侧负载的

电压 $u_d = u_{UV} > 0$。

②当 $\omega t_2 \leqslant \omega t < \omega t_3$ 时，在 $\omega t = \omega t_2$ 时刻，$u_W = u_V$；但过 ωt_2 后 u_W 最小，即 $u_{WV} > 0$。二极管 VD_2、晶闸管 VT_1 导通，即 $i_{D2} = i_{T1} = i_d > 0$；直流侧负载的电压 $u_d = u_{WV} > 0$。

③当 $\omega t_3 \leqslant \omega t < \omega t_4$ 时，在 $\omega t = \omega t_3$ 时刻，$u_{g3} > 0$；比较交流侧三相相电压瞬时值 u_W 最小，即 $u_{WV} > 0$。二极管 VD_2、晶闸管 VT_3 导通，即 $i_{D2} = i_{T3} = i_d > 0$；直流侧负载的电压 $u_d = u_{WV} > 0$。

④当 $\omega t_4 \leqslant \omega t < \omega t_5$ 时，在 $\omega t = \omega t_4$ 时刻，$u_U = u_W$；但过 ωt_4 后 u_U 最小，即 $u_{UV} > 0$。二极管 VD_4、晶闸管 VT_3 导通，即 $i_{D4} = i_{T3} = i_d > 0$；直流侧负载的电压 $u_d = u_{UV} > 0$。

⑤当 $\omega t_5 \leqslant \omega t < \omega t_6$ 时，在 $\omega t = \omega t_5$ 时刻，$u_{g5} > 0$；比较交流侧三相相电压瞬时值 u_U 最小，即 $u_{WU} > 0$。二极管 VD_4、晶闸管 VT_5 导通，即 $i_{D4} = i_{T5} = i_d > 0$；直流侧负载的电压 $u_d = u_{WU} > 0$。

⑥当 $\omega t_6 \leqslant \omega t < \omega t_7$ 时，在 $\omega t = \omega t_6$ 时刻，$u_V = u_U$；但过 ωt_6 后 u_U 最小，即 $u_{UV} > 0$。二极管 VD_6、晶闸管 VT_5 导通，即 $i_{D5} = i_{T6} = i_d > 0$；直流侧负载的电压 $u_d = u_{UV} > 0$。

2. 当 $a = 120°$ 时的波形分析

在交流电一个周期内，用 ωt 坐标点将波形分为六段，设电路已处于工作状态，下面对波形逐段进行分析：

①当 $\omega t_1 \leqslant \omega t < \omega t_2$ 时，在 $\omega t = \omega t_1$ 时刻，$u_{g1} > 0$；比较交流侧三相相电压瞬时值 u_W 最小，即 $u_{UW} > 0$。二极管 VD_2、晶闸管 VT_1 导通，即 $i_{D2} = i_{T1} = i_d > 0$；直流侧负载的电压 $u_d = u_{UW} > 0$。

②当 $\omega t_2 \leqslant \omega t < \omega t_3$ 时，在 $\omega t = \omega t_2$ 时刻，$u_W = u_U$；过 ωt_2 后 $u_g = 0$。二极管 VD、晶闸管 VT 关断，即 $i_D = i_T = i_d > 0$；直流侧负载的电压 $u_d = 0$。

③当 $\omega t_3 \leqslant \omega t < \omega t_4$ 时，在 $\omega t = \omega t_3$ 时刻，$u_{g3} > 0$；比较交流侧三相相电压瞬时值 u_U 最小，即 $u_{VU} > 0$。二极管 VD_4、晶闸管 VT_3 导通，即 $i_{D4} = i_{T3} = i_d > 0$；直流侧负载的电压 $u_d = u_{VU} > 0$。

④当 $\omega t_4 \leqslant \omega t < \omega t_5$ 时，在 $\omega t = \omega t_4$ 时刻，$u_U = u_W$；过 ωt_4 后 $u_g = 0$。二极管 VD、晶闸管 VT 关断，即 $i_D = i_T = i_d > 0$；直流侧负载的电压 $u_d = 0$。

⑤当 $\omega t_5 \leqslant \omega t < \omega t_6$ 时，在 $\omega t = \omega t_5$ 时刻，$u_{g5} > 0$；比较交流侧三相相电压瞬时值 u_V 最小，即 $u_{VU} > 0$。二极管 VD_4、晶闸管 VT_5 导通，即 $i_{D6} = i_{T5} = i_d > 0$；直流侧负载的电压 $u_d = u_{VU} > 0$。

⑥当 $\omega t_6 \leqslant \omega t < \omega t_7$ 时，在 $\omega t = \omega t_6$ 时刻，$u_V = u_W$；过 ωt_6 后 $u_g = 0$。二极管 VD、晶闸管 VT 关断，即 $i_D = i_T = i_d > 0$；直流侧负载的电压 $u_d = 0$。

（三）参数计算

①输出端直流电压（平均值）U_d。

$$U_d = 2.34 U_2 \frac{1 + \cos\alpha}{2}$$

（4-11）

②晶闸管可能承受的最大正向、反向电压均为 $\sqrt{6}\,U_2$，移相范围为 $0° \sim 180°$。

二、感性负载

三相半控桥式整流电路感性负载时输出的电压波形与阻性时的相似，在交流电一个周期内，用 ωt 坐标点将波形分为六段，设电路已处于工作状态，下面对波形逐段进行分析：

①当 $\omega t_1 \leqslant \omega t < \omega t_2$ 时，在 $\omega t = \omega t_1$ 时刻，$u_{g1} > 0$；比较交流侧三相相电压瞬时值 u_C 最小，即 $u_{UW} > 0$。二极管 VD_2、晶闸管 VT_1 导通，即 $i_{D2} = i_{T1} = i_d > 0$；直流侧负载的电压 $u_d = u_{UW} > 0$。

②当 $\omega t_2 \leqslant \omega t < \omega t_3$ 时，在 $\omega t = \omega t_2$ 时刻，$u_W = u_U$；VD_2 和 VD_4 先并联，再与 VT_1 串联对电感构成续流通路，过 ωt_2 点后，u_U 最小。VT_1 与 VD_4 串联对电感构成续流通路。二极管 VD_4、晶闸管 VT_1 导通，即 $i_{D4} = i_{T1} = i_d > 0$；直流侧负载的电压 $u_d = 0$。

③当 $\omega t_3 \leqslant \omega t < \omega t_4$ 时，在 $\omega t = \omega t_3$ 时刻，$u_{g3} > 0$；比较交流侧三相相电压瞬时值 u_U 最小，即 $u_{VU} > 0$。二极管 VD_4、晶闸管 VT_3 导通，即 $i_{D4} = i_{T3} = i_d > 0$；直流侧负载的电压 $u_d = u_{VU} > 0$。

④当 $\omega t_4 \leqslant \omega t < \omega t_5$ 时，在 $\omega t = \omega t_4$ 时刻，$u_U = u_V$；VD_6 和 VD_4 先并联，再与 VT_3 串联对电感构成续流通路，过 ωt_4 点后，u_V 最小。VT_3 与 VD_6 串联对电感构成续流通路。二极管 VD_4、晶闸管 VT_3 导通，即 $i_{D6} = i_{T3} = i_d > 0$；直流侧负载的电压 $u_d = 0$。

⑤当 $\omega t_5 \leqslant \omega t < \omega t_6$ 时，在 $\omega t = \omega t_5$ 时刻，$u_{g5} > 0$；比较交流侧三相相电压瞬时值 u_V 最小，即 $u_{VU} > 0$。二极管 VD_4、晶闸管 VT_5 导通，即 $i_{D6} = i_{T5} = i_d > 0$；直流侧负载的电压 $u_d = u_{VU} > 0$。

⑥当 $\omega t_6 \leqslant \omega t < \omega t_7$ 时，在 $\omega t = \omega t_6$ 时刻，$u_V = u_W$；VD_6 和 VD_2 先并联，再与 VT_5 串联对电感构成续流通路，过 ωt_6 点后，u_W 最小。VT_5 与 VD_2 串联对电感构成续流通路。二极管 VD_2、晶闸管 VT_5 导通，即 $i_{D2} = i_{T5} = i_d > 0$；直流侧负载的电压 $u_d = 0$。

失控现象：大电感负载时，与单相半控桥式电路一样，桥路内部整流管有续流作用，u_d 波形与电阻负载时一样，不会出现负电压。但当电路工作时突然切除触发脉冲或把 a 快速调至 $180°$ 时，也会发生导通晶闸管不关断而三个整流二极管轮流导通的失控现象，

负载上仍有 $U_d = 1.17U_2$ 的电压。为避免失控，感性负载的三相半控桥式电路也要接续流二极管。并接续流二极管后只有当 $a > 60°$ 时才有续流电流。

第六节 同步电压为锯齿波的晶闸管触发电路

一、锯齿波形成及脉冲移相环节

（一）锯齿波形成

锯齿波作为触发电路的同步信号，其波形是在电容 C_2 两端获得。电路中采用恒流源对电容 C_2 充电形成锯齿波电压。

①当晶体管 V_2 截止时，恒流源电流 I_{Cl} 对 C_2 恒流充电，电容两端电压为：

$$u_{C2} = \frac{1}{C_2} \int i_{C1} dt = \frac{I_{C1}}{C_2} t$$

（4-12）

其充电斜率 $\frac{I_{Cl}}{C_2}$，恒流充电电流 $I_{Cl} \approx \frac{U_V}{R_3 + R_4}$，因此调节电位器 RP_1 即可调节锯齿波斜率。

②当晶体管 V_2 饱和导通时，由于 R_5 阻值小，电容 C_2 经 R_5、V_2 管迅速放电。所以只要 V_2 管周期性关断导通，电容 C_2 两端就能得到线性很好的锯齿波电压。

（二）脉冲移相环节

由于触发脉冲的前沿是由晶体管 V_4 由截止转为导通的时刻确定的，控制 V_4 管导通的起始时刻也就控制了触发脉冲出现的时刻，即达到了移相的目的。V_4 管的基极电压由锯齿波电压 u_{e3}、控制电压 U_c、偏移电压 U_b 分别经 R_7、R_8、R_9 的分压值叠加而成，由三个电压比较而控制 V_4 的截止与导通。

二、双窄脉冲形成环节

三相全控桥式电路要求双脉冲触发，相邻两个脉冲间隔为 60°。V_5、V_6 两管构成逻辑"或"门，当 V_5、V_6 都导通时，V_7、V_8 都截止，没有脉冲输出，但不论 V_5、V_6

哪个截止，都会变为 + 2.1 V 电位，V_7、V_8 导通，有脉冲输出，通常控制 V_5 截止，产生主脉冲，控制 V_6 截止，产生补脉冲。所以只要用适当的信号来控制 V_5 和 V_6 前后间隔 60° 截止，就可以获得双窄触发脉冲。第一个主脉冲是由本相触发电路控制电压 U_c 发出的，而相隔 60° 的第二个补脉冲则是由它的后相触发电路，通过 X、Y 相互连线使本相触发电路的 V_6 管截止而产生的。VD_3、R_{12} 的作用是为了防止双脉冲信号的相互干扰。

第七节　集成化晶闸管移相触发电路

一、KCO4 移动触发电路

KCO4 型移相集成触发器与分立元件的锯齿波移相触发电路相似，由同步、锯齿波形、移相、脉冲形成和功率放大几部分组成。它有 16 个引出端。16 端接正 15 V 电源，3 端通过 30 kΩ 电阻和 6.8 kΩ 电位器接负 15 V 电源，7 端接地。正弦同步电压经 15 kΩ 电阻接至 8 端，进入同步环节。3、4 端接 0.47 μF 电容与集成电路内部三极管构成电容负反馈锯齿波发生器。9 端为锯齿波电压、负直流偏压和控制移相压中和比较输入。11 和 12 端接 0.47 μF 电容后接 30 kΩ 电阻，再接 15 V 电源与集成电路内部三极管构成脉冲形成环节。脉宽由时间常数 0.047 μF × 30 kΩ 决定。13 和 14 端是提供脉冲列调制和脉冲封锁控制端。1 和 15 端输出相位差 180° 的两个窄脉冲。

二、KC42 脉冲列调制形成器

在需要宽触发脉冲输出场合，为了减小触发电源功率与脉冲变压器体积，提高脉冲前沿陡度，常采用脉冲列触发方式。它主要是用于三相全控桥整流电路、三相半控、单相全控、单相半控等线路中做脉冲调制源。

当脉冲列调制器用于三相全控桥式整流电路时，来自三块 KCO4 锯齿波触发器 13 端的脉冲信号分别送至 KC42 脉冲调制器的 2、4、12 端。VT_1、VT_2、VT_3 构成 "或非" 门电路，VT_5、VT_6、VT_8 组成环形振荡器，VT_4 控制振荡器的起振与停振。VT_6 集电极输出脉冲列时，经 VT_7 倒相放大后由 8 端输出信号。

环形振荡器工作原理如下：当三个 KCO4 任意一个有输出时，VT_1、VT_2、VT_3 "或非" 门电路中将有一管导通，VT_4 截止，VT_5、VT_6、VT_8 环形振荡器起振，VT_6 导通，10 端为低电平，VT_7、VT_8 截止，8、11 端高电平，8 端有脉冲输出。此时电容 C_2

由 11 端→R_1→C_2→10 端充电，6 端电位随着充电逐渐升高，当升高到一定值时，VT_5 导通，VT_6 截止，10 端为高电平，VT_7、VT_8 导通，环形振荡器停振。8、11 端为低电平，VT_7 输出一窄脉冲。同时，电容 C_2 再由 R_1 / R_2 方向充电，6 端电位降低，降低到一定值时，VT_5 截止，VT_6 导通，8 端又输出高电位，以后又重复上述过程，形成循环振荡。

第八节　晶闸管的保护与串并联使用

一、晶闸管的保护

由于晶闸管的击穿电压接近工作电压，热容量小，承受过电压与过电流能力很差，短时间的过电压、过电流都可能造成晶闸管的损坏。为使晶闸管能正常使用而不损坏，只靠合理选择器件的额定值还不够，还必须在电路中采取适当的保护措施，以防使用中出现的各种不测因素。

（一）过电压保护

过电压标准：凡是超过晶闸管正常工作时承受的最大峰值电压都是过电压。

过电压分类：晶闸管的过电压分类形式有多种，最常见的有按过电压产生的原因分类和按晶闸管装置发生过电压的位置分类两种形式。

1. 按原因分类

根据过电压产生的原因，过电压可分为两种，即浪涌过电压、操作过电压。

浪涌过电压：由于外部原因，例如雷击、电网激烈波动或干扰等产生的过电压属于浪涌过电压，浪涌过电压的发生具有偶然性，它能量特别大、电压特别高，必须将其值限制在晶闸管断态正反向不重复峰值电压 U_{DSM}、U_{RSM} 值以下。

操作过电压：由于内部原因，主要是电路状态变化时积聚的电磁能量不能及时地消散，例如晶闸管关断、开关的突然闭合与分断等产生的过电压属于操作过电压，操作过电压发生频繁，也必须将其值限制在晶闸管额定电压范围内。

2. 按位置分类

根据晶闸管装置发生过电压的位置，过电压又可分为交流侧过电压、晶闸管关断过电压及直流侧过电压。

（1）晶闸管关断过电压及其保护

在关断时刻，晶闸管电压波形出现的反向尖峰电压（毛刺）就是关断过电压。

保护措施：最常用的方法是在晶闸管两端并接电容，利用电容电压不能突变的特性吸收尖峰过电压，把它限制在允许的范围内。

（2）晶闸管交流侧过电压及其保护

交流侧操作过电压：

交流侧电路在接通、断开时会出现过电压，通常发生在下面几种情况：

①合闸过电压。由高压电源供电或电压比很大的变压器供电，在一次侧合闸瞬间，由于一、二次绕组之间存在分布电容，使得高电压耦合到了低压侧，结果发生过电压。

保护措施：在单相变压器二次侧或三相变压器二次侧星形中点与地之间并联 $0.5\,\mu F$ 左右的电容，也可在变压器一、二次绕组之间加屏蔽层。

②拉闸过电压。与整流装置并联的其他负载或装置直流侧断开时，因电源回路电感产生感应电动势造成过电压；整流变压器空载且电源电压过零时一次侧断电，因变压器励磁电流突变导致二次侧感应过电压。一般来说，开关速度越快，过电压就越高。

保护措施：这两种情况产生的过电压都是瞬时的尖峰电压，常用阻容吸收电路或整流式阻容加以保护。

交流侧浪涌过电压：由于晶闸管装置的交流侧是整个装置的受电端，所以很容易受到雷击浪涌过电压的侵袭。阻容吸收保护只适用于峰值不高、过电压能量不大以及要求不高的场合，要想抑制交流侧浪涌过电压，除了使用阀型避雷器外，必须采用专门的过电压保护元件——压敏电阻来保护。

①压敏电阻。压敏电阻是一种新型非线性过电压保护元件，它是由氧化锌、氧化铋等烧结制成的非线性电阻元件。具有抑制过电压能力很强、体积小、价格便宜等优点，完全取代了传统落后的硒堆电压保护。

压敏电阻作用：当加在压敏电阻上的电压低于它的阈值 U_N 时，流过它的漏电流极小，仅有微安级，相当于一只关死的阀门；当电压超过 U_N 时，它可通过数千安培的放电电流，相当于阀门打开。利用这一功能，可以抑制电路中经常出现的异常过电压，保护电路免受过电压的损害。

压敏电阻的额定电压 U_N 通常以电路最大峰值电压的 1.2 倍选取。压敏电阻实际受到的最大电流很难计算，一般情况在供电变压器容量大，供电线路短且没有安装阀型避雷器的场合，应选择较大的通流容量。

②瞬态电压抑制器。目前市场上供应一种"瞬态电压抑制器"（transient voltage suppressor，简称 TVS），当其两端受到瞬时高电压时，能以 10^{-12} s 的速度从高阻变为低阻，吸收数千瓦的浪涌。TVS 具有单向与双向保护两种形式，接线形式与压敏电阻相同，有时产品用稳压管符号来表示。

（3）晶闸管直流侧过电压及其保护

当整流器在带负载工作中，如果直流侧突然断路，例如快速熔断器突然熔断、晶闸管烧断或拉断直流开关，都会因大电感释放能量而产生过电压，并通过负载加在关断的晶闸管上，使晶闸管承受过电压。直流侧过电压保护采用与交流侧过电压保护同样的方法。对于容量较小的装置，可采用阻容保护抑制过电压；如果容量较大，选择压敏电阻。

（二）过电流保护

1. 过电流标准

凡是超过晶闸管正常工作时承受的最大峰值电流都是过电流。

2. 过电流原因

产生过电流的原因很多，但主要有以下几方面：①有变流装置内部管子损坏；②触发或控制系统发生故障；③可逆传动环流过大或逆变失败；④交流电压过高、过低、缺相及负载过载等。

3. 过电流保护措施

常用的过电流保护措施有下面几种。

①串接交流进线电抗或采用漏抗大的整流变压器，利用电抗限制短路电流。此法有效，但负载电流大时存在较大的交流压降，通常以额定电压3%的压降来计算进线电抗值。

②电流检测和过电流继电器，过流时使交流开关 K 跳闸切断电源，此法由于开关动作需要几百毫秒，故只适用于短路电流不大的场合。另一类是过流信号控制晶闸管触发脉冲快速后移至 α > 90° 区域，使装置工作在逆变状态，迫使故障电流迅速下降，此法也称拉逆变法。

③直流快速开关，对于变流装置功率大且短路可能性较多的高要求场合，可采用动作时间只有 2ms 的直流快速开关，它可以优于快速熔断器熔断而保护晶闸管，但此开关昂贵且复杂，所以使用不多。

④快速熔断器，它是最简单有效的过电流保护器件。与普通熔断器相比，它具有快速熔断特性，在流过 6 倍额定电流时熔断时间小于 20ms，目前常用的有：RLS 系列（螺旋式）、ROS 系列、RS3 系列、RSF 系列可带熔断撞针指示和微动开关动作指示。

二、晶闸管的串并联

晶闸管因受其自身工艺条件的限制，它的耐压和电流不可能无限制地提高，但晶闸管的应用环境所要求的耐压和电流却越来越高。为了满足高耐压、大电流的要求，就必须采取晶闸管的容量扩展技术，即用多个晶闸管串联来满足高电压要求，用多个晶闸管并联来满足大电流要求，甚至可以采取晶闸管装置的串并联来满足要求。

（一）晶闸管的串联

当单只晶闸管耐压达不到电路要求时，就必须使用两个或两个以上同型号晶闸管串联来共同分担高电压。尽管串联的晶闸管必须都是同一型号的，但由于晶闸管制造时参数就存在离散性，在其阳极反向耐压截止时，虽然流过的是同一个漏电流，但每只管子实际承受的反向阳极电压却不同，出现了串联不均压的问题，严重时可能造成元件损坏，因此要采取以下措施：

①尽量选择同一厂家、同一型号、同一批次、特性较一致的管子串联，有条件的可用晶闸管图示仪测量管子的正反向特性。

②采用静态均压和动态均压电路。静态均压的方法是在串联的晶闸管上并联阻值相等的小均压电阻 R_j，均压电阻 R_j 能使平稳的直流或变化缓慢的电压均匀分配在串联的各个晶闸管上。由于串联的晶闸管电压分配是由各个管子的结电容、导通与关断时间以及外部脉冲等因素综合决定的，所以静态均压方法不能实现串联晶闸管的动态均压。

动态均压的方法是在串联的晶闸管上并联电容值相等的电容 C，但为了限制管子开通时，电容放电产生过大的电流上升率，并防止因并接电容使电路产生振荡，通常在并接电容的支路中串入电阻 R，成为 RC 支路。实际线路中晶闸管的两端都并接了 RC 吸收电路，在晶闸管串联均压时不必另接 RC 电路了。

虽然采取了均压措施，但仍然不可能完全均压，因此，在选择每个管子的额定电压时，应按下式计算：

$$U_{Tn} = \frac{(2 \sim 3)U_{TM}}{(0.8 \sim 0.9)n}$$

（4-13）

③采用前沿陡、幅值大的强触发脉冲。

④降低电压定额值的 $10\% \sim 20\%$ 使用。

（二）晶闸管的并联

当单只晶闸管电流达不到电路要求时，就必须使用两个或两个以上同型号晶闸管并联来共同分担大电流。尽管并联的晶闸管必须都是同一型号的，还是由于参数的离散性，晶闸管在正向导通时，虽然耐受的是相同的阳极电压，但每只管子实际流过的正向阳极电流却不同，出现了并联不均流的问题，因此要采取以下措施：

①尽量选择同一厂家、同一型号、同一批次、特性较一致的管子串联，有条件的可用晶闸管图示仪测量管子的正反向特性。

②采用静态均压和动态均流电路。

均流措施：晶闸管的并联均流措施分为静态和动态两种方法。

静态均流的方法是在并联的晶闸管中串入电阻。由于电阻功耗较大，所以这种方法只适用于小电流晶闸管。

动态均流的方法（电抗均流）是用一个电抗器接在两个并联的晶闸管电路中，均流原理是利用电抗器中感应电动势的作用，使管子电流大的支路电流有减小的趋势，使管子电流小的支路电流有增大的趋势，从而达到均流目的。

晶闸管并联后，尽管采取了均流措施，电流也不可能完全平均分配，因而选择晶闸管额定电流时，应按下式计算：

$$I_{T(AV)} = \frac{(2 \sim 3)I_{TM}}{(0.8 \sim 0.9)1.57n}$$

（4-14）

③采用前沿陡、幅值大的强触发脉冲。

④降低电压定额值的 10% ~ 20% 使用。

三、晶闸管的使用

（一）晶闸管使用中应注意的问题

晶闸管除了在选用时要充分考虑安全裕量以外，在使用过程中也要采取正确的方法，以保证晶闸管能够安全可靠运行，延长其使用寿命。关于晶闸管的使用，具体应注意以下问题：

①选用晶闸管的额定电流时，除了考虑通过元件的平均电流外，还应注意正常工作时导通角的大小、散热通风条件等因素。在工作中还应注意管壳温度不超过相应电流下的允许值。

②使用晶闸管之前，应该用万用表检查晶闸管是否良好。发现有短路或断路现象时，应立即更换。

③电流为 5A 以上的晶闸管要装散热器，并且保证所规定的冷却条件。使用中若冷却系统发生故障，应立即停止使用，或者将负载减小到原额定值的三分之一做短时间应急使用。

冷却条件规定：如果采用强迫风冷方式，则进口风温不高于 40℃，出口风速不低于 5m/s。如果采用水冷方式，则冷却水的流量不小于 4000ml/min，冷却水电阻率20 kΩ·cm，pH 值 =6 ~ 8，进水温度不超过 35℃。

④保证散热器与晶闸管管体接触良好，它们之间应涂上一薄层有机硅油或硅脂，以帮助良好的散热。

⑤严禁用兆欧表（摇表）检查晶闸管的绝缘情况，如果确实需要对晶闸管设备进行绝缘检查，在检查前一定要将所有晶闸管元件的管脚做短路处理，以防止兆欧表产生的直流高电压击穿晶闸管，造成晶闸管损坏。

⑥按规定对主电路中的晶闸管采用过压及过流保护装置。

⑦要防止晶闸管门极的正向过载和反向击穿。

⑧定期对设备进行维护，如清除灰尘、拧紧接触螺丝等。

（二）晶闸管在工作中过热的原因

应当从发热和冷却两个方面找原因，主要有：

①晶闸管过载。

②通态平均电压即管压降偏大。

③断态重复峰值电流、反向重复峰值电流即正、反向断态漏电流偏大。

④门极触发功率偏高。

⑤晶闸管与散热器接触不良。

⑥环境温度和冷却介质温度偏高。

⑦冷却介质流速过低。

（三）晶闸管在运行中突然损坏的原因

引起晶闸管器件损坏的原因有很多，下面介绍一些常见的损坏器件的原因。

①电流方面的原因

输出端发生短路或过载，而过电流保护不完善，熔断器规格不对，快速性能不合乎要求。输出接电容滤波，触发导通时，电流上升率太大造成损坏。

②电压方面的原因

没有适当的过电压保护，外界因开关操作、雷击等有过电压侵入或整流电路本身因换相造成换相过电压，或是输出回路突然断开而造成过电压均可损坏元件。

③元件自身的原因

元件特性不稳定，正向电压额定值下降，造成连续的正向转折引起损坏，反向电压额定值下降，引起反向击穿。

④门极方面的原因

门极所加最高电压、电流或平均功率超过允许值；门极和阳极发生短路故障；触发电路有故障，加在门极上的电压太高，门极所加反向电压太大。

⑤散热冷却方面的原因

散热器没拧紧，温升超过允许值，或风机、水冷却泵停转，元件温升过高使其结温超过允许值，引起内部 PN 结损坏。

（四）晶闸管的查表选择法

工程上选择晶闸管时，往往不是通过很精确的计算来确定的，而是通过估算、查表等带有一些经验性的简便方式来确定。晶闸管查表选择法就是其中一种。它根据线路型式、电源电压及负载性质等因素，并适当考虑一定的安全裕量，查表选择晶闸管。

额定电压的选择：$U_{T_n} = (2 \sim 3) \ U_{Tm}$。

额定电流的选择：$I_{T(AV)} = (1.5 \sim 2)KI_d$。

第五章　无源逆变电路

第一节　逆变电路概述

一、逆变电路的工作原理

逆变是将直流电变为交流电。下面以单相桥式逆变电路为例说明其工作原理。单相桥式电路的四个臂由电力电子器件及其辅助电路组成，S_1 和 S_4 是一对桥臂，S_2 和 S_3 组成另一对桥臂。当开关 S_1、S_4 闭合，且 S_2、S_3 断开时，输出负载电压 u_o 为正；反之，则 u_o 为负，这样就把直流电变为交流电了，改变两对桥臂切换的频率，就可以改变交流电的输出频率，这就是逆变电路最基本的工作原理。其负载电流 i_o 根据负载性质的不同而不同。

二、换流方式分类

逆变电路工作过程中，电流从 S_1 到 S_2、S_4 到 S_3 转移，这种电流从一个支路向另一个支路转移的过程称为换流，也可称为换相。在换流过程中，有的支路要从通态转移到断态，有的支路要从断态转移到通态。从断态转移到通态时，无论支路是由全控型还是由半控型电力电子器件组成，只要给门极适当的驱动信号，就可以使其开通。但从通态向断态转移的情况就不同，全控型器件可以通过对门极的控制使其关断，而对于半控型器件的晶闸管而言，就无法通过对门极的控制使其关断，必须利用外部条件或采取其他措施才能使其关断。一般来说，要在晶闸管电流过零后再施加一定时间的反向电压，才能使其关断。由于使器件关断，主要是使晶闸管关断比使其开通复杂得多，因此，研究换流方式主要是研究如何使器件关断。

特别指出，换流并不是只在逆变电路中才有的概念，其他三种变流技术都涉及换流问题，但在逆变电路中，换流及换流方式问题最为集中。一般来说，换流方式可以分为以下几种。

（一）器件换流

利用全控器件的自关断能力进行换流称为器件换流，如在采用电力 GTR、GTO、电力 MOSFET 及 IGBT 等全控型器件的电路中就是采用此种换流方式。

（二）电网换流

由电网提供换流电压称为电网换流。可控整流电路、交流调压电路和采用相控方式的交 - 交变频电路中的换流方式都是电网换流。在换流时，只要把负的电网电压施加在欲关断的晶闸管上即可使其承受反压而关断。这种换流方式不需要器件的门极具有自关断能力，也不需要为换流附加任何元件，但不适用于没有交流电网的无源逆变电路。

（三）负载换流

由负载提供换流电压称为负载换流。凡是负载电流的相位超前于负载电压相位的场合，都可以实现负载换流，即负载为电容性负载。

基本的负载换流逆变电路的两对桥臂由四个晶闸管组成，其负载为电阻电感串联后再和电容并联，整个负载工作在接近并联谐振状态而略呈容性。电容往往是为改善功率因数，使其略呈容性而接入的，电路中直流侧串入了大电感 L_d 使 i_d 基本无脉动。

因为 i_d 基本无脉动，直流电流近似为恒值，四个臂开关的切换仅使电流路径改变，所以负载电流基本呈矩形波。负载工作在对基波电流接近并联谐振的状态，对基波的阻抗很大而对谐波阻抗很小，故负载电压 u_o 波形接近正弦波。

（四）强迫换流

设置附加的换流电路，给欲关断的晶闸管强迫施加反向电压或反向电流的换流方式称为强迫换流。强迫换流通常利用附加电容上所储存的能量来实现，也称为电容换流。

在强迫换流方式中，由换流电路内电容直接提供换流电压的方式称为直接耦合式强迫换流。晶闸管 VT 处于通态时，预先给电容 C 极性充电，合上开关 S，就可使晶闸管承受反向电压而关断。

上述四种换流方式中，器件换流只适用于全控型器件，其余方式主要针对晶闸管。器件换流和强迫换流都是因为器件或变流器自身的原因实现换流的，属于自然换流；电网换流和负载换流都是依靠外部手段（电网电压或负载电压）来实现换流的，属于外部换流。前者的逆变电路称为自换流逆变电路，后者的逆变电路称为外部换流逆变电路。

三、逆变电路的分类

逆变电路根据输入直流侧电源性质的不同分为以下两种。

（一）电压型逆变电路

输入直流侧为恒压源，且输入端并接有大电容，逆变电路将直流电压变换成交流电压。

（二）电流型逆变电路

输入直流侧为恒流源，且输入端并接有大电感，逆变电路将直流电流变换成交流电流。根据电路的结构特点逆变电路可分为半桥式逆变电路、全桥式逆变电路和推挽式逆变电路等。

根据负载特点逆变电路可分为非谐振式逆变电路和谐振式逆变电路。

第二节　电压型逆变电路

电压型逆变电路的特点如下。

①直流侧为电压源或并联大电容，直流侧电压基本无脉动。

②交流侧输出电压为矩形波，输出电流波形和相位因负载阻抗不同而不同。

③阻感负载时需要提供无功功率，为了给交流侧向直流侧反馈的无功能量提供通道，逆变桥各臂须并联反馈二极管。

本节介绍单相和三相电压型逆变电路的基本组成、工作原理及特性。

一、单相电压型逆变电路

（一）半桥逆变电路

1. 电路原理图

单相半桥电压型逆变电路有两个桥臂，每一个桥臂由一个全控器件和一个反并联二极管组成。在直流侧接有两个相互串联的足够大且相等的电容，负载接在两个电容的连接点和两个桥臂连接点之间。

2. 电路工作原理及波形

V_1 和 V_2 的驱动信号在一个周期内各有半周期正偏，半周期反偏，且两者互补。输出电压 u_o 为矩形波，其幅值为 $U_d / 2$，输出电流 i_o 的波形随负载情况而异，下面以感性负载为例进行分析。

设 t_2 时刻以前 V_1 导通，V_2 关断。t_2 时刻给 V_1 关断信号、给 V_2 导通信号，则 V_1 关断，但感性负载中的电流 i_o 不能立即改变方向，于是 VD_2 先导通续流。当 t_3 时刻 i_o 降为零时，VD_2 截止，V_2 导通，i_o 开始反向。同样，在 t_4 时刻给 V_2 关断信号、给 V_1 导通信号，V_2 关断，VD_1 先导通续流，t_5 时刻 V_1 才开通。

当 V_1 或 V_2 导通时，负载电流和电压方向相同，直流侧向负载提供能量；而当 VD_1 或 VD_2 导通时，负载电流和电压方向相反，负载电感中储存的能量向直流侧反馈，即负载电感将其吸收的无功能量反馈向直流测，反馈回的能量暂时储存在直流侧电容中，直流侧电容起着缓冲这种无功能量的作用。二极管 VD_1、VD_2 起着使负载电流续流的作用，可称为续流二极管；同时也是负载向直流测反馈能量的通道，也可称为反馈二极管。

3. 相关参数计算

逆变电路输出电压的有效值为：

$$U_0 = \sqrt{\frac{2}{T_s} \int_0^{T_s/2} \frac{U_d^2}{4} dt} = \frac{U_d}{2}$$

（5-1）

由傅里叶级数分析，输出电压 u_o 基波分量的有效值为：

$$U_{o1} = \frac{2U_d}{\sqrt{2}p} = 0.45U_d$$

（5-2）

当负载为阻感性时，输出电流 i_o 的基波分量为：

$$i_{o1}(t) = \frac{\sqrt{2}U_d}{\sqrt{R^2 + (\omega L)^2}} \sin(\omega t - f)$$

（5-3）

当可控型器件是半控型器件晶闸管时，必须附加强迫换流电路才能工作。

半桥逆变电路的优点是简单，使用器件少；其缺点是输出的交流电压幅值仅为 $U_d/2$，且直流侧需要两个电容器串联，工作时要控制两个电容器电压的均衡，此电路常用于小功率逆变电路。

（二）全桥逆变电路

单相全桥电压型逆变电路有两对桥臂，可以看成由两个半桥电路组合而成。V_1、

V_4 为一对桥臂，V_2、V_3 为另一对桥臂，成对的桥臂同时导通，两对桥臂交替各导通 180°。输出电压 u_o 和输出电流 i_o 与半桥电路的 u_o、i_o 波形形状相同，但幅值增加一倍。

把幅值为 u_d 的矩形波 u_o 进行定量分析，利用傅里叶级数展开得：

$$u_o = \frac{4U_d}{\pi}\left(\sin\omega t + \frac{1}{3}\sin 3\omega t + \frac{1}{5}\sin 5\omega t + L\right)$$

（5-4）

其中基波幅值 U_{olm} 为：

$$U_{olm} = \frac{4U_d}{\pi} = 1.27U_d$$

（5-5）

基波有效值 U_{ol} 为：

$$U_{ol} = \frac{2\sqrt{2}U_d}{p} = 0.9U_d$$

（5-6）

当负载为阻感性时，输出电流 i_o 的基波分量为：

$$i_{ol}(t) = \frac{4U_d}{\pi\sqrt{R^2+(\omega L)^2}}\sin(\omega t - f)$$

（5-7）

前面分析的都是 u_o 为正负电压各为 180° 的脉冲的情况，要改变输出电压有效值只能通过改变 U_d 来实现。

二、三相电压型桥式逆变电路

（一）电路原理图

用三个单相逆变电路可组合成一个三相逆变电路，其中应用最广泛的是三相桥式电路。三相桥式电压型逆变电路的开关器件为 IGBT，电路可看成是由三个单相半桥逆变电路组成的。电路中直流侧通常只需一个电容即可，但为了便于分析，画成串联的两个电容器并标出了理想中点 N'。

（二）电路工作原理及波形

三相电压型逆变电路的基本工作方式也是 180° 导电方式，即每个桥臂的导电角度为 180°，同一相上下两个桥臂交替导通，各相开始导通的角度依次相差 120°。这样，在任一瞬间有三个桥臂同时导通，可能是上面一个、下面两个臂，也可能是上面两个、下面一个臂。因为每次换流都是同一相上下两臂之间进行，故也称为纵向换流。

对于 U 相输出，当 V_1 导通时，$u_{UN'} = U_d/2$；当 V_4 导通时，$u_{UN'} = -U_d/2$，因此，$u_{UN'}$ 的波形是幅值为 $U_d/2$ 的矩形波。V、W 两相的波形的形状与 U 相类似，只是相位依次相差 $120°$。

负载线电压 u_{UV}、u_{VW}、u_{WU} 可由下式求出：

$$\left.\begin{array}{l} u_{UV} = u_{UN'} - u_{VN'} \\ u_{VW} = u_{VN'} - u_{WN'} \\ u_{WU} = u_{WN'} - u_{UN'} \end{array}\right\}$$

（5-8）

设负载中点 N 与 N′ 之间的电压为 $u_{NN'}$，则负载各相的相电压分别为：

$$\left.\begin{array}{l} u_{UN} = u_{UN'} - u_{NN'} \\ u_{VN} = u_{VN'} - u_{NN'} \\ u_{WN} = u_{WN'} - u_{NN'} \end{array}\right\}$$

（5-9）

把式（5-8）和式（5-9）相加整理可得：

$$u_{NN'} = \frac{1}{3}\left(u_{UN'} + u_{VN'} + u_{WN'}\right) - \frac{1}{3}\left(u_{UN} + u_{VN} + u_{WN}\right)$$

（5-10）

设负载为三相对称负载，则 $u_{UN} + u_{VN} + u_{WN} = 0$，得：

$$u_{NN'} = \frac{1}{3}\left(u_{UN'} + u_{VN'} + u_{WN'}\right)$$

（5-11）

由式（5-9）和式（5-11）可画出相电压 u_{UN} 的波形，u_{VN}、u_{WN} 两相的波形与 u_{UN} 类似，只是相位依次相差 $120°$。

负载参数已知时，可以由 u_{UN} 的波形求出 i_U 的波形，负载阻抗角不同，i_U 的波形形状也不同。每一相上、下桥臂间的换流过程与半桥电路相似。i_V、i_W 的波形形状和 i_U 的相同。桥臂 1、3、5 的电流相加可得直流侧电流 i_d 的波形。可以看出 i_d 每 $60°$ 脉动一次，而直流侧电压是基本无脉动的，因此逆变电路从交流侧向直流侧传送的功率是脉动的，这也是电压型逆变电路的一个特点。

（三）相关参数计算

对三相桥式逆变电路的输出电压做定量分析，输出电压 u_{UV} 的傅里叶级数表达式为：

$$u_{UV} = \frac{2\sqrt{3}U_d}{\pi}\left(\sin\omega t - \frac{1}{5}\sin 5\omega t - \frac{1}{7}\sin 7\omega t + \frac{1}{11}\sin 11\omega t + \frac{1}{13}\sin\omega t - L\right)$$

$$= \frac{2\sqrt{3}U_d}{\pi}\left[\sin\omega t + \sum_n \frac{1}{n}(-1)^k \sin n\omega t\right]$$

（5-12）

输出线电压有效值 U_{UV} 为：

$$U_{UV} = \sqrt{\frac{1}{2\pi}\int_0^{2\pi} u_{AB}^2 d\omega t} = 0.816U_d$$

（5-13）

基波幅值 U_{UV1m} 为：

$$U_{UV1m} = \frac{2\sqrt{3}U_d}{\pi} = 1.1U_d$$

（5-14）

基波有效值 U_{UV1} 为：

$$U_{UV1} = \frac{U_{AB1m}}{\sqrt{2}} = \frac{\sqrt{6}}{\pi}U_d = 0.78U_d$$

（5-15）

负载相电压的傅里叶级数表达式为：

$$u_{UV} = \frac{2U_d}{\pi}\left(\sin\omega t + \frac{1}{5}\sin 5\omega t + \frac{1}{7}\sin 7\omega t + \frac{1}{11}\sin 11\omega t + \frac{1}{13}\sin\omega t - L\right)$$

$$= \frac{2U_d}{\pi}\left[\sin\omega t + \sum_n \frac{1}{n}\sin n\omega t\right]$$

（5-16）

输出相电压有效值 U_{UN} 为：

$$U_{UN} = \sqrt{\frac{1}{2\pi}\int_0^{2\pi} u_{AN}^2 d\omega t} = 0.471U_d$$

$$（5-17）$$

基波幅值 U_{UN1m} 为：

$$U_{UN1m} = \frac{2}{\pi} U_d = 0.637 U_d$$

$$（5-18）$$

基波有效值 U_{UN1} 为：

$$U_{UN1} = \frac{U_{AN1m}}{\sqrt{2}} = 0.45 U_d$$

$$（5-19）$$

在上述采用 180° 导电方式中，为了防止同一相上下两桥臂的开关器件同时导通而引起直流侧电源短路，应采取"先断后通"的方法。即先给应关断的器件关断信号，待其关断后留一定的时间裕量（死区时间），然后再给应导通的器件发出开通信号。死区时间的长短由器件的开关速度而定，器件的开关速度越快，所留的死区时间就越短。"先断后通"的方法也适用于上下桥臂通断互补方式下的其他电路，如前述的单相半桥电路和全桥逆变电路。

第三节　电流型逆变电路

电流型逆变电路出现在电压型逆变电路之后，随着晶闸管耐压水平的提高，电流型逆变电路发展较快，其电路结构简单，用于交流电动机调速时实现再生制动，不须附加其他电路，发生短路时危险较小。电流型逆变电路对晶闸管的耐压要求高，适用于对动态特性要求高、调速范围大的交流调速系统。电流型逆变电路一般在直流侧串联大电感，电流脉动小，可近似视为直流电流源。它的特点如下。

①直流侧串联大电容，直流侧电流基本无脉动，相当于电流源。

②交流侧输出电流为矩形波，输出电压波形和相位因负载阻抗不同而不同。

③直流侧电感起缓冲无功能量的作用，故不必给开关器件反并联二极管。

在电流型逆变电路中，采用半控型器件晶闸管的电路较多，其换流方式有负载换流和强迫换流。

一、单相电流型逆变电路

（一）电路原理图

单相桥式电流型逆变电路由四个桥臂构成，每个桥臂串联一个电抗器 L_T 以限制晶闸

管开通时的 di/dt ，各桥臂之间不存在互感。让桥臂 1、4 和桥臂 2、3 以 1000～2500Hz 的中频轮流导通，在负载上就可以得到中频交流电。

该电路采用负载换流方式工作，要求负载电流略超前负载电压，实际负载一般是电磁感应线圈，用来加热置于线圈内的钢料。R 和 L 串联为感应线圈的等效电路，并联补偿电容 C ，用来提高功率因数。C 和 R、L 构成并联谐振电路，这种逆变电路也称为并联谐振式逆变电路。并联电容 C 使负载电路呈现容性，负载电流相位超前负载电压，达到负载换流关断晶闸管的目的。

因为是电流型逆变电路，故其输出电流波形接近矩形波，其中包含基波和各奇次谐波，且谐波幅值远小于基波。因基波频率接近负载电路谐振频率，故负载对基波呈高阻抗性，对谐波呈低阻抗性，谐波在负载电路上产生的压降很小，因此负载电压的波形接近正弦波。

（二）电路工作原理及波形

单相桥式电流型逆变电路在交流电流的一个周期内，有两个稳定的导通阶段和两个换流阶段。

在 $t_1\sim t_2$ 时刻，晶闸管 VT_1、VT_4 稳定导通，负载电流 $i_o=I_d$ ，近似为恒值，此阶段负载上建立了左正右负的电压。

$t_2\sim t_4$ 时段为换流时段。在 t_2 时刻触发晶闸管 VT_2、VT_3 因在 t_2 之前 VT_2、VT_3 阳极电压等于负载电压，为正值，故 VT_2、VT_3 导通，逆变电路进入换流阶段。因每个晶闸管都串有换流电抗器 L_T ，故 VT_1、VT_4 在 t_2 时刻不能立即关断，电流由 I_d 逐渐减小，而 VT_2、VT_3 上的电流会由零逐渐增大。t_2 时刻后，四个晶闸管同时导通，负载电容电压经两个并联的放电回路同时放电。一个回路是经 L_{T1}、VT_1、VT_3、L_{T3} 回到电容 C；另一个回路是经 L_{T2}、VT_1、VT_3、L_{T4} 回到电容 C。在这个工作过程中 VT_1、VT_4 电流逐渐减小，VT_2、VT_3 电流逐渐增大。但 t_4 时刻，VT_1、VT_4 电流减至零而关断，直流侧电流全部从 VT_1、VT_4 转移到 VT_2、VT_3 ，换流阶段结束。在换流期间，四个晶闸管同时导通，由于时间短及大电感 L_d 的恒流作用，电源不会短路，$t_4-t_2=t_\gamma$ 称为换流时间。

晶闸管在电流减小到零后，还需要一段时间才能恢复正向阻断能力。因此，为了保证晶闸管可靠关断，在换流结束后还要使 VT_1、VT_4 承受一段反压时间 t_β ，$t_\beta=t_5-t_4$ 应大于晶闸管关断时间 t_q。如果 VT_1、VT_4 尚未恢复阻断能力就加上了正向电压，会重新导通，使逆变失败。

$t_4\sim t_6$ 时段是 VT_2、VT_3 稳定导通阶段，t_6 之后又进入从 VT_2、VT_3 向 VT_1、VT_4 导通的换流阶段，分析过程与前面类似。

为了保证可靠换相，应在负载电压过零前 $t_\delta=t_5-t_2$ 时刻触发 VT_2、VT_3 ，t_δ 称为触发引前时间，可得：

$$t_\delta = t_\gamma + t_\beta$$

（5-20）

负载电流超前负载电压的时间 t_ϕ 为：

$$t_\phi = t_\gamma / 2 + t_\beta$$

（5-21）

因此，负载的功率因数角 ϕ 为：

$$\phi = \omega\left(t_\gamma / 2 + t_\beta\right)$$

（5-22）

（三）相关参数计算

如果忽略换流过程，输出电流 i_o 可近似看成矩形波，其傅里叶级数表达式为：

$$i_o = \frac{4I_d}{\pi}\left(\sin \omega t + \frac{1}{3}\sin 3\omega t + \frac{1}{5}\sin 5\omega t + L\right)$$

（5-23）

其电流基波有效值 I_{ol} 为：

$$I_{ol} = \frac{4I_d}{\sqrt{2}\pi} = 0.9I_d$$

（5-24）

忽略逆变电路的功率损耗，则逆变电路输入的有功功率等于输出的基波功率，即：

$$P_o = U_d I_d = U_o I_{ol} \cos\phi$$

（5-25）

所以

$$U_o = 1.11U_d / \cos\phi$$

（5-26）

中频输出功率为：

$$P_o = U_o^2 / R_1$$

（5-27）

式（5-27）中，U_o 为输出电压有效值，R_1 为对应于某一功率角中时，负载阻抗的电阻分量，将式（5-26）代入式（5-27）得：

$$P_o = 1.23U_d^2 / \cos\phi^2 R_1$$

（5-28）

由式（5-28）可见，调节直流电压或改变逆变角都能改变中频输出功率的大小。

二、三相电流型桥式逆变电路

（一）电路原理图

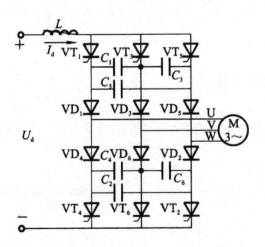

随着全控器件的不断发展，应用晶闸管逆变的电路越来越少，串联二极管式晶闸管逆变电路仍应用较多，其主要用于中大功率交流电动机调速系统。图中 $VT_1 \sim VT_6$ 组成三相桥式逆变电路，$C_1 \sim C_6$ 为换流电容，$VD_1 \sim VD_6$ 为隔离二极管，其作用是防止换流电容直接通过负载放电，使逆变桥具有足够的换流能力。这种电路的基本工作方式为120°导电方式，与三相桥式整流电路类似，即 VT_1 到 VT_6 按顺序每隔60°依次导通，每一个臂一周期内导通120°，每时刻上下桥臂组各有一个臂导通，并且在上桥臂组或下桥臂组依次换流，称为横向换流。

（二）电路工作原理及波形

假设逆变电路已进入稳定工作状态，换流电容已充电，其充电规律为：对于共阳极晶闸管，电容器与导通晶闸管相连接的一端极性为正，另一端为负，不与晶闸管相连的电容器电压为零；共阴极晶闸管与共阳极情况类似，只是电容电压极性相反。在分析换流过程中，常用到等效换流电容的概念，在分析 VT_1 向 VT_3 换流时，换流电容 C_{13} 就是 C_3 与 C_5 串联后再与 C_1 并联的等效电容，设 $C_1 \sim C_6$ 的电容均为 C，则 $C_{13} = 1.5C$。

1. 恒流放电阶段

在 t_1 时刻触发晶闸管 VT_3，由于 C_{13} 电压的作用，使 VT_3 导通，而 VT_1 被施以反向电压关断。直流电流 I_d 从 VT_1 换到 VT_3，C_{13} 通过 VD_1、U 相负载、VD_2 相负载、VD_2、VT_2、直流电源和 VT_3 放电。因放电电流恒为 I_d，故称恒流放电阶段。在 C_{13} 承受的电压下降到零之前，VT_1 两端一直为反压，只要承受反压的时间大于晶闸管关断时间 t_q，就能保证可靠关断。

2. 二极管换流阶段

在 t_2 时刻 C_{13} 的电压降为零，之后在 U 相负载电感的作用下，开始对 C_{13} 反向充电。若忽略负载电阻压降，则二极管 VD_3 导通，导通电流为 i_V，而 VD_1 电流为 $i_U = I_d - i_V$，两个二极管同时导通，进入二极管换流阶段。随着 C_{13} 充电电压增高，充电电流减小，i_V 增大，t_3 时刻 i_U 减到零，$i_V = I_d$，VD_1 承受反压而关断，二极管换流阶段结束。

通过三相桥式电流型逆变电路的输出电流与线电压波形可以看出，输出电流波形与负载性质无关，为正负脉冲 120° 的矩形波。输出线电压波形与负载性质有关，大体为正弦波，但叠加了一些脉冲，这是由逆变电路的换流过程而产生的。

第四节　多重逆变电路和多电平逆变电路

在前面介绍的逆变电路中，对电压型逆变电路来说，输出电压是矩形波；对电流型逆变电路来说，输出电流是矩形波，两者输出都为矩形波，与正弦波相差甚远，含有较多的谐波分量，对负载会产生不利的影响。为了减少矩形波中所含的谐波，常常采用多个逆变电路，使它们输出相同频率的矩形波在相位上移开一定的角度进行叠加，以减少谐波，从而获得接近正弦波的波形。也可以改变电路结构，构成多电平逆变电路，它能输出较多的电平，从而使输出电压向正弦波靠近。

一、多重逆变电路

电压型逆变电路和电流型逆变电路都可以实现多重化，下面以电压型逆变电路为例进行说明。

逆变器 I 和逆变器 II 是电路结构完全相同的两个电压型逆变器，两电路输出电压频率相同，相位上错开30°，因此，可把它们分别称为"0° 三相桥"和"30° 三相桥"。两个电压型逆变器的输出变压器的一次侧绕组一样，而 30° 桥的二次侧每相有两个绕组，且匝数是 0° 桥二次侧绕组的。画出其输出波形，从波形图可看出，输出相电压的波形接近正弦波。

通常对电压型逆变电路，将输出变压器进行串联叠加，而电流型逆变电路，输出端则采用并联叠加，这里不再详述。

二、多电平逆变电路

先回顾一下三相电压型桥式逆变电路的波形，对于其中任何一相，电路输出的相电压有 $U_d/2$ 和 $-U_d/2$ 两种电平，这种电路称为二电平逆变电路，这种电路在需要承受高压的场合不太适用，而且输出波形不太理想。多电平电路可以解决这些问题，其中出现最早、使用较多的是中点钳位型逆变电路，下面重点介绍中点钳位型三电平逆变电路。

中点钳位型三电平逆变电路每个桥臂由两个全控器件反并联二极管组成，一个桥臂的两个全控器件的中点通过钳位二极管和直流侧电容的中点相连接。

通过分析三电平逆变电路的原理，可以得出任何一相的相电压都有 $U_d/2$、0 和 $-U_d/2$ 三种电平，采用适当的控制技术，三电平逆变电路的谐波可大大少于两电平电路。

第五节　PWM逆变电路

在实际应用中，大部分电力电子负载都要求逆变电路的输出电压、电流、功率以及频率能够得到有效和灵活的控制。而前面介绍的电压型和电流型方波逆变电路存在较多的缺点：①输出波形中含有较多的谐波，对负载不利；②输入电流谐波含量大，功率因数低；③电压调节困难，响应较慢。所以，实际的逆变电路基本都采用 PWM 控制方式。PWM 控制方式也正是由于在逆变电路中的成功应用，才在电力电子装置中得到了广泛应用。

PWM（pulse width modulation）控制方式即脉冲宽度调制技术，是指通过对一系列脉冲的宽度进行调制，来等效地获得所需波形（含形状和幅值）的一种控制技术。

一、PWM 控制的基本原理

PWM 控制的理论基础是面积等效原理，即冲量相等而形状不同的窄脉冲加在具有惯性的环节上时，其效果基本相同。这里所说的"冲量"指窄脉冲的面积，"效果基本相同"是指环节的输出响应波形基本相同。

在直流斩波电路中，是利用等幅不等宽的 PWM 波来等效直流波形。实际上，PWM 波形还可以等效任何其他所需要的波形，如正弦波形。在逆变电路中用得最多的 SPWM（sinusoidal PWM）控制即是用 PWM 波形来等效正弦波形的。本节讨论的 PWM 控制实际上是 SPWM 控制。

二、SPWM 逆变电路的控制方法

逆变电路中产生 SPWM 波的方法主要有五种，即计算法、调制法、规则采样法、异步调制和同步调制、跟踪法。

（一）计算法

根据 PWM 控制的基本原理，如果给出了逆变电路的正弦波频率、幅值和半周期脉冲数，PWM 波形中各脉冲的宽度和间隔就可以准确计算出来。按照计算结果控制逆变电路中各开关器件的通断，就可以得到所需要的 PWM 波形。这种方法称之为计算法。可以看出，计算法是很烦琐的，当需要输出的正弦波的频率、幅值或相位变化时，结果都要变化。

（二）调制法

与计算法相对应的是调制法，即把希望输出的波形作为调制信号，把接收调制的信号作为载波。通过对信号波的调制得到所期望的 PWM 波形。通常采用等腰三角波或锯齿波作为载波，其中等腰三角波作为载波应用最多。因为等腰三角波上任一点的水平宽度和高度成线性关系且左右对称，当它与任何一个平缓变化的调制信号波相交时，如果在交点时刻对电路中开关器件的通断进行控制，就可以得到宽度正比于信号波幅值的脉冲，这正好符合 PWM 控制的要求。在调制信号波为正弦波时，所得到的就是 SPWM 波形，这种情况应用最广；当调制信号不是正弦波，而是其他所需要的波形时，也能得到与之等效的 PWM 波。

（三）规则采样法

采用调制法产生 PWM 脉冲的关键问题是如何得到每个 PWM 脉冲的起始和终止时刻。如前所述，在正弦波和三角波的自然交点时刻控制功率开关器件的通断，这种生成 SPWM 波形的方法称为自然采样法。自然采样法得到的 SPWM 波形较接近正弦波。但这种方法要求求解复杂的超越方程，在采用微机控制技术时需要花费大量的计算时间，难以在实时控制中在线计算，因而在工程上的实际应用不多。在目前的计算机控制系统中采用的规则采样法，其效果与自然采样法接近，但计算便捷且易于实现。

用规则采样法得到的脉冲宽度和用自然采样法得到的脉冲宽度非常接近，但计算简洁得多。

（四）异步调制和同步调制

在 PWM 控制电路中，调制法中的载波频率 f_c 与调制信号频率 f_r 之比称为载波比 N，即 $N = \dfrac{f_c}{f_r}$。

根据载波和信号波是否同步及载波比的变化情况，PWM 调制方式可分为异步调制和同步调制两种。

1. 异步调制

载波信号和调制信号不同步的调制方式称为异步调制。通常载波频率 f_c 保持固定不变，当调制信号频率 f_r 变化时，载波比 N 是变化的。异步调制的缺点是当调制信号频率 f_r 变大时，载波比 N 减小，一周期内的脉冲数将减少，导致输出 PWM 波和正弦波的差异变大，谐波增多。因此，在采用异步调制方式时，希望采用较高的载波频率，以使在信号波频率较高时仍能保持较大的载波比。

2. 同步调制

载波比 N 等于常数，并在变频时，使载波频率 f_c 和调制信号频率 f_r 的变化保持同步的调制方式称为同步调制。同步调制的缺点是当调制信号频率 f_r 很低时，载波频率也很低，由调制带来的谐波不易滤除。当 f_r 很高时，f_c 会过高，使开关器件难以承受过高的开关频率。

为了克服上述缺点，可以采用分段同步调制的方法。

3. 分段同步调制

分段同步调制是指把调制信号频率 f_r 划分为若干频率段，每个频率段内都保持载波比 N 恒定，不同频率段的载波比 N 不同，实现分段同步，从而有效地克服上述的缺点。

采用分段调制时，应避免由于输出频率的变化引起载波比的反复切换。在切换点附近设置一定大小的滞环区域是常用的方法之一。

（五）跟踪法

跟踪法是把希望输出的电压或电流波形作为指令信号，把实际的电压或电流波形作为反馈信号，通过两者的瞬时值比较来决定逆变电路各开关器件的通断，使实际的输出跟踪指令信号变化。可以看出这种方法是一种闭环实时控制，具有响应快、精度高的优点。跟踪法中常用的是滞环比较法。

跟踪型 PWM 变流电路中，电流跟踪控制应用最多。

电流跟踪型以逆变器输出电流作为控制对象，通过切换逆变器的输出电压达到直接控制电流的目的，它兼有电压型逆变器和电流型逆变器的优点。由于它可实现对电机定子电流的在线自适应控制，因而电流的动态响应速度快，系统运行受负载参数的影响小，逆变器结构简单，电流谐波少。电流跟踪型的这些特点使其特别适用于高性能的交流电机调速系统。

三、PWM 逆变电路的谐波分析

PWM 逆变电路可以使输出电压、电流接近正弦波，但由于使用载波对正弦信号波调制，也产生了和载波有关的谐波分量。这些谐波分量的频率和幅值是衡量 PWM 逆变电路性能的重要指标之一，因此有必要对 PWM 波形进行谐波分析。这里主要分析常用的双极性 SPWM 波形。

同步调制可以看成是异步调制的特殊情况，因此只分析异步调制方式就可以了。采用异步调制时，不同信号波周期的 PWM 波形是不同的，因此无法直接以信号波周期为基准进行傅里叶分析。以载波周期为基础，再利用贝塞尔函数可以推导出 PWM 波的傅里叶级数表达式，但这种分析过程相当复杂，其结论却是很简单而直观的。

三相桥式 PWM 逆变电路可以每相各有一个载波信号，也可以三相公用一个载波信号。这里只分析应用较多的公用载波信号时的情况。在其输出线电压中，所包含的谐波角频率为：

$$n\omega_c \pm k\omega_r$$

（5-29）

在实际电路中，由于采样时刻的误差以及为避免同一相上下桥臂直通而设置的死区的影响，谐波的分布情况将更为复杂。一般来说，实际电路中的谐波含量比理想条件下要多一些，甚至还会出现少量的低次谐波。

从上述分析中可以看出，SPWM 波形中所含的谐波主要是角频率为 ω_c、$2\omega_c$，及其附近的谐波。SPWM 波形中所含的主要谐波的频率要比基波频率高得多，是很容易滤除的。载波频率越高，SPWM 波形中谐波频率就越高，所需滤波器的体积就越小。另外，一般的滤波器都有一定的带宽，如按载波频率设计滤波器，载波附近的谐波也可滤除。如滤波器设计为低通滤波器，且按载波角频率 ω_c 来设计，那么角频率为 $2\omega_c$、$3\omega_c$ 等及其附近的谐波也就同时被滤除了。

当调制信号波不是正弦波而是其他波形时，上述分析也有很大的参考价值。在这种情况下，对生成的波形进行谐波分析后，可发现其谐波由两部分组成：一部分是对信号波本身进行谐波分析所得的结果；另一部分是由于信号波对载波的调制而产生的谐波。后者的谐波分布情况和前面对 SPWM 波所进行的谐波分析是一致的。

第六章　有源逆变电路

第一节　有源逆变的概念

在生产实践中除需要将交流电转变为大小可调的直流电外，还常需要将直流电转变为交流电。这种对应于整流的逆过程称为逆变（Invertion）。例如，电力机车下坡行驶时，使直流电动机作为发电机制动运行，机车的位能转变为电能，反送到交流电网中去，能够把直流电转换成交流电的电路称为逆变电路。当交流侧和电网连接时，这种逆变电路称为有源逆变电路。有源逆变电路常用于直流可逆调速、交流绕线转子异步电动机串级调速以及高压直流输电等方面。在许多场合，同一晶闸管电路既可用于整流又可用于逆变，这两种工作状态可依照不同的工作条件相互转化，故此类电路称为变流电路或变流器（Convertor）。

以下先从直流发电机—电动机系统入手，研究其间电能流转的关系，以便于理解有源逆变的概念，掌握实现有源逆变的条件。

直流发电机—电动机系统中，M 为电动机，E_M 为其电枢反电动势，E_G 为发电机所供出的电动势，R_Σ 集中代表回路总电阻。通常在外加直流电源 E_G 的作用下，直流电机做电动运行，$E_M < E_G$，电枢从电源吸收功率。在直流电机稳态运行的情况下，有两种典型作用都会导致电机的转子转速 n 高于理想空载转速 n_0（$n > n_0$）：①若使电源电压 E_G 突然减小，则使电机的理想空载转速 n_0 很快降低，而转子转速 n 由于惯性作用下降较慢；②若 E_G 不变，则 n_0 固定，位能性负载作用使 n 迅速升高。无论哪一种作用，只要 $n > n_0$，就有 $E_M > E_G$，从而导致电枢电流 I_a 方向及功率的传递方向同时发生逆转，此时直流电机转入了发电反馈制动状态，电机供出功率，而直流电源 E_G 吸收能量。若直流电源 E_G 由可控整流器提供，由于整流器的交流侧与电网相连接，从而 E_G 吸收的能量被反送到交流电网。这一过程就是一种典型的有源逆变。通过控制电动势 E_G 的大小和极性可实现电机的四象限运行。此外，在回路中两个电动势同极性相接时，电流总是从高电动势流向低电动势，由于回路电阻通常很小，即使很小的电动势差值也能产生很大的电流，使两个电动势之间交换很大的功率，这对分析有源逆变电路是十分有用的。

对可控整流电路而言，只要满足一定的条件，就可以工作于有源逆变状态。此时，电路形式并未发生变化，只是电路工作条件转变，因此将有源逆变作为整流电路的一种工作状态进行分析。这种整流电路既能工作在整流状态又能工作在逆变状态，故属于变流电路。

如果变流电路的交流侧不与电网连接，而直接接到负载，即把直流电逆变为某一频率或可调频率的交流电供给负载，则称为无源逆变。

以下讨论可调直流电源在采用晶闸管可控整流器实现的情况下，直流电机进入电动和发电反馈制动两种运行状态的具体工作情况。以单相全波可控整流电路为例，设其直流侧串有很大的平波电抗器，R 为直流回路的集中等效电阻，主要包括直流电抗器内阻、直流电机电枢内阻和晶闸管的导通电阻等，以直流电机作为反电动势负载，输出直流电压为 U_d。在直流电机做电动运行的状态下，$U_d > E_M$，$\alpha < 90°$，从输出电压 u_d 的波形可见，其平均直流电压为较大的正值，I_d 从 E_M 的正端流入，E_M 吸收由 U_d 供出的能量，并且有：

$$I_d = \frac{U_d - E_M}{R}$$

（6-1）

在直流电机进入发电反馈制动的情况下，由于整流元件的单向导电性，直流侧电流 I_d 的方向是不可改变的，欲改变电能的输送方向，只能改变反电动势 E_M 的极性，故考虑将 E_M 的极性反接，使 I_d 从 E_M 的正端流出，这样才能使直流电机所放出的能量往外供出。但是在 E_M 反接之后，若 U_d 依然保持原来的极性不变，则将在直流回路中与 E_M 形成所谓顺向串联，两电源相加，共同作用于电阻 R，均供出能量给 R。R 通常很小，将会使 I_d 形成很大的环流，实际上形成了短路，在工作中必须严防这类情况发生。实际工作中应该使 U_d 与 E_M 同时颠倒极性，使 I_d 在保持原有方向不变的情况下从 U_d 的正端流入，从而 U_d 可以吸收由 E_M 供出的能量。实现 U_d 的反极性并不困难，只要调节可控整流器的 $\alpha > 90°$ 即可，此时对应的 u_d 的波形正面积小而负面积较大，直流侧的平均电压 U_d 为负值，所以尽管的波形有正有负，瞬时功率有吞有吐，但从平均而言，u_d 是吞吸能量的。这通常要求 $\alpha = 90° \sim 180°$，并且使 $U_d < E_M$。其能量供需关系为 E_M 供出能量，R 消耗能量，U_d 吸收能量。在这种 $\alpha > 90°$ 的情况下，可控整流器工作在有源逆变状态，将 U_d 吸收来的能量逆变至交流电网。

I_d 可表示为：

$$I_d = \frac{E_M - U_d}{R}$$

（6-2）

电路中电能的流向与整流时相反，电动机输出电功率，电网吸收电功率。电动机轴上输入的机械功率愈大，则逆变的功率也愈大。为了防止过电流，应满足 $|U_d| < |E_M|$，但 U_d 很接近于 $|E_M|$（或者说 U_d 略低于 $|E_M|$）的条件。E_M 的大小取决于电动机转速的高低，而 U_d 可通过改变 á 进行调节，但 α 必须在 90° ～ 180° 范围内，以保证 U_d 反极性。

在有源逆变工作状态下，虽然晶闸管的阳极电位大部分处于交流电压的负半周期，但由于有外接直流电动势 E_M，晶闸管仍能承受正向电压而导通。

根据上述分析，可归纳出产生有源逆变必须同时满足的两个基本条件。

①外部条件：要求有一个能提供逆变能量的直流电动势，并且其极性必须和晶闸管的导通方向一致，即 E_M 反极性。

②内部条件：要求变流电路的晶闸管控制角 $\alpha > 90°$，使 U_d 为负值，并且 $|U_d|<|E_M|$。

两者必须同时具备才能实现有源逆变。必须指出的是，对于单相或三相桥式半控或有续流二极管的整流电路，因其整流电压 U_d 不能出现负值，也不允许直流侧出现负极性的电动势，故不能实现有源逆变。欲实现有源逆变，只能采用全控整流电路。为了保证电流连续和输出波形含有负面积，通常有源逆变电路中一定要串接大电感。

从上面分析可见，整流和逆变、直流和交流在变流电路中相互联系并在一定条件下可以相互转换。同一个变流器既可以工作在整流状态又可以工作在逆变状态，其关键是内、外部条件不同。

第二节　三相有源逆变电路

三相有源逆变比单相有源逆变要复杂些，但当整流电路带反电动势、阻感负载时，整流输出电压与控制角之间存在着余弦函数关系，即 $U_d=U_{d0}\cos\alpha=2.34U_2\cos\alpha$。

逆变和整流的区别仅仅是控制角 α 的不同。$0 < \alpha < \pi/2$ 时，电路工作在整流状态；$\pi/2<\alpha<\pi$ 时，电路工作在有源逆变状态。

为实现有源逆变，需要一反向的 E_M，而 U_d 在上式中因 α 大于 $\pi/2$ 已自动变为负值，故能满足逆变的条件，因而可沿用整流的办法来处理逆变时有关波形与参数计算等各项问题。R_σ 代表直流回路的集中等效电阻，主要包括直流电抗器内阻、直流电机电枢内阻和晶闸管的导通电阻等。

为分析和计算方便，通常把 $\alpha > \pi/2$ 时的控制角用 $\pi-\alpha=\beta$ 表示，其中 β 称为逆变角。在对三相桥式全控整流电路的有源逆变状态进行波形分析时，其上半边一组三相半波电路的 3 只晶闸管的控制角 α 是以正半周自然换相点作为计量起始点的，由此向右方计量，而逆变角 β 和控制角 α 的计量方向相反，其大小是从对应相的负半周自然换相点处向左算起的。两者的关系是 $\alpha+\beta\pi$，或 $\beta=\pi-\alpha$。其下半边一组三相半波电路的 3 只晶闸管的 α 和 β 的计量方法恰好相反。

三相桥式全控整流电路工作于有源逆变状态，有关波形分析方法与三相桥式全控整流电路的情况一样，每周期可分为 6 段波形进行分析，在电流连续的情况下，同样每组三相半波电路的 3 只晶闸管依次轮换导通 120°，并且每触通一只晶闸管则将迫使前已导通的一只关断。与整流状态有所不同的是，由于 $\alpha > \pi/2$，u_d 的波形在大多数时间都为负值。

可以得出两个结论：

①每个 β 对应的 U_d 波形与相同 α 时的波形形状相同，只是极性相反（负面积较大）；

②无论是在 β 较大的有源逆变状态，还是在 α 较大的整流状态，U_d 波形的起伏脉动幅值都较大，而在 3 或 α 较小时 U_d 波形的起伏脉动较小。

关于有源逆变状态时各电量的计算可归纳如下：

$$U_d = 2.34U_2 \cos\alpha = -2.34U_2 \cos\beta$$

（6-3）

以线电压 U_{2L} 表示为：

$$U_d = -1.35U_2 \ \cos\beta$$

（6-4）

若参考极性，U_d 与 E_M 均取正值，则直流侧电流可依下式计算：

$$I_d = \frac{E_M - U_d}{R_\Sigma}$$

（6-5）

每只晶闸管导通 1/3 周期，每管平均电流为：

$$I_{dT} = I_d / 3$$

（6-6）

流过晶闸管的电流有效值（忽略直流电流 i_d 的脉动）为：

$$I_T = \frac{I_d}{\sqrt{3}} = 0.577I_d$$

（6-7）

直流回路中的功率平衡关系为：

$$E_M I_d = U_d I_d + I_d^2 R_\Sigma$$

（6-8）

即 E_M 供出的功率等于逆变到电网的功率与 R_σ 消耗的功率之和。在三相桥式全控电路中，每个周期内流经电源的线电流的导通角为 $4\pi/3$，是每只晶闸管导通角 $2\pi/3$ 的 2 倍，因此由式（6-7）可得变压器二次侧线电流的有效值为：

$$I_2 = \sqrt{2}I_T = \sqrt{\frac{2}{3}}I_d = 0.816I_d$$

（6-9）

第三节 逆变失败与逆变角的限制

晶闸管变流电路工作在整流状态时，如果晶闸管损坏、触发脉冲丢失或快速熔断器烧断，则其后果至多出现缺相，直流输出电压减小。但在逆变状态如果发生上述情况，则后果要严重得多。逆变运行时，若 U_d 平均负值过小或变为零，则外接的直流反电动势电源就会通过晶闸管电路形成短路；若变流器的输出平均电压 U_d 变为正值，则与直流反电动势顺向串联，由于逆变电路的内阻很小，同样会形成很大的短路电流。一旦变流器发生换相失败，这些情况都有可能发生，通常将这些异常情况称为逆变失败，或称为逆变颠覆。

因此，对于要求工作在逆变状态的晶闸管电路，对其触发电路可靠性、元器件质量以及过电流保护性能的要求都比整流电路高。

一、逆变失败的原因

造成逆变失败的原因很多，主要有下列几种情况：

①触发电路工作不可靠，不能适时、准确地给各晶闸管分配脉冲，如脉冲丢失，脉冲延时等，致使晶闸管不能正常换相，平均电压 U_d 变为正值，造成顺向串联，形成短路。

②晶闸管发生故障，在应该阻断期间器件失去阻断能力，或在应该导通期间器件不能导通，使 u_d 的正弦片段延续到正半周过多，正面积增大，同样会造成顺向串联。

③在逆变工作时，交流电源发生缺相或突然消失，由于直流电动势 E_M 的存在，晶闸管仍可导通，此时变流器的交流侧由于失去了与直流电动势极性相反的交流电压，或者说失去了对直流电动势 E_M 的抵消平衡作用，直流电动势将通过晶闸管形成短路。

④换相的裕量角不足，引起换相失败，应考虑变压器漏抗引起换流重叠角 α 对逆变电路换相的影响。

由于变压器漏抗的存在，使换相有一个重叠过程，在此期间输出电压 u_d 的波形为相邻两相电压的算术平均值，换流重叠角 γ 使 u_d 的正面积减小而负面积增大，因此在 $\alpha < 90°$（整流）时，α 使平均面积 U_d 失去 ΔU_d（换相压降）；而在 $\alpha > 90°$（逆变）时，γ 使平均面积 U_d 增加 ΔU_d（即负的幅值增大）。

存在换流重叠角会给逆变工作带来不利的后果，例如以 VT_1 和 VT_2 的换相过程来分析，当逆变电路工作在 $\beta > \gamma$ 时，经 VT_2 触通换相过程后，仍 $u_b > u_a$，VT_1 因承受反向电压而被迫正常关断。但是，如果换相的裕量角不足，即当 $\beta < \alpha$ 时，从波形中可以清楚

地看到，换相尚未结束，电路的工作状态到达自然换相交点 p 之后，u_a 将高于 u_b，使应该关断的晶闸管 VT₁ 因正偏而不能关断却继续导通，VT₂ 承受反向电压而重新关断。u_b 因 VT₁ 一直导通而进入 u_a 的正半周，且 u_a 随着时间的推移愈来愈高，与电动势顺向串联导致逆变失败。欲要保证正常换流，逆变角 β 取值应足够大，留有充足的换相裕量角。综上所述，为了防止逆变失败，不仅逆变角 β 不能等于零，而且不能太小，必须限制在某一允许的最小角度内。

二、确定最小逆变角 β_{min} 的依据

逆变时允许采用的最小逆变角 β_{min} 为：

$$\beta_{min} = \delta + \gamma + \theta'$$

（6-10）

式中 δ 为晶闸管的关断时间 t_q 折合的电角度；γ 为换流重叠角；θ' 为安全裕量角。

晶闸管的关断时间 t_q 大的可达 200～300 μs，折算到电角度 δ 为 4°～5°。至于换流重叠角 γ，它随直流平均电流和换相电抗的增加而增大。

根据逆变工作时 $\alpha = \pi - \beta$，并设 $\beta = \gamma$，上式可改写成：

$$\cos\gamma = 1 - \frac{mI_d X_B}{\pi U_{d0}}$$

（6-11）

换流重叠角 γ 与 I_d 和 X_B 有关，当电路参数确定后，换流重叠角就有定值。

安全裕量角 θ' 是十分必要的。当变流器工作在逆变状态时，由于种种原因，会影响逆变角，如果不考虑裕量，则可能破坏 $\beta > \beta_{min}$ 的关系，导致逆变失败。在三相桥式逆变电路中，触发器所输出的 6 个脉冲的相位角间隔不可能完全相等，有的比期望值偏前，有的偏后，这种脉冲的不对称程度一般可达 5°，若不设安全裕量角，则偏后的那些脉冲相当于 β 变小，有可能小于 β_{min} 导致逆变失败。根据一般中小型可逆直流拖动的运行经验，θ' 值约取 10°。这样最小 β 一般取 30°～35°。设计逆变电路时，必须保证 $\beta \geq \beta_{min}$，因此为可靠地防止 β 进入 β_{min} 区内，在要求较高的场合可在触发电路中附加一保护环节，保证 β 在减小时触发脉冲移不到 β_{min} 区内。通常逆变角的安全取值范围为 β=30°～90°，即对应的 a =150°～90°。

由于换流重叠角 γ 随电路运行条件变化而变化，为了提高电路的功率因数，应使 β_{min} 尽量减小，可使 β_{min} 随负载条件变化而自动调节，电动机空载或轻载运行时 β_{min} 值较小，满载时则增大，此种方式称为自调式逆变角限制。

第四节　晶闸管直流电动机系统

通常习惯上将晶闸管可控整流装置带直流电动机负载组成的系统称为晶闸管直流电动机系统，它是一种主要的直流电力拖动系统，也是可控整流装置的主要用途之一。对晶闸管直流电动机系统的研究主要从两方面展开：其一是在带电动机负载时整流电路的工作情况；其二是由整流电路供电时电动机的工作情况。

一、整流状态时的工作情况

直流电动机负载除本身有电阻、电感外，还有一个反电动势 E。如果暂不考虑电动机的电枢电感，则只有当晶闸管导通相的变压器二次侧电压瞬时值大于反电动势时才有电流输出。此时负载电流是断续的，这对整流电路和电动机负载的工作都是不利的，实际应用中要尽量避免出现负载电流断续的工作情况。

触发晶闸管启动，待电动机运行达稳态后，虽然整流电压的波形脉动较大，但由于电动机有较大的机械惯量，故其转速和反电动势都基本无脉动。此时整流电压的平均值由电动机的反电动势及电路中负载平均电流 I_d 所引起的各种电压降所平衡。整流电压的交流分量则全部降落在电抗器上。由 I_d 引起的压降有下列四部分：变压器的电阻压降 $I_d R_B$，其中 R_B 为变压器的等效电阻，它包括变压器二次绕组本身的电阻以及一次绕组电阻折算到二次侧的等效电阻；晶闸管本身的管压降 ΔU，它基本上是恒值；电枢电阻压降 $I_d R_M$；由换流重叠角引起的换相压降 $\Delta U_d = 3 X_B I_d / (2\pi)$。

此时，整流电路直流电压的平衡方程为：

$$U_d = E_M + R_\Sigma I_d + \Delta U$$

(6-12)

在电动机负载电路中，电流 I_d 由负载转矩所决定。当电动机的负载较小时，对应的负载电流也小。在小电流情况下，特别是在低速时，由于电感的储能减小，往往不足以维持电流连续，从而出现电流断续现象。这时整流电路输出的电压和电流波形与电流连续时有差别，因此晶闸管电动机系统有两种工作状态：一种是工作在电流较大时的电流连续工作状态；另一种是工作在电流较小时的电流断续工作状态。

（一）电流连续时电动机的机械特性

从电力拖动的角度来看，电动机的机械特性是表示其性能的一个重要方面。由生产工艺要求的转速静差度则由机械特性决定。

在电机学中，已知直流电动机的反电动势为：

$$E_M = C_e n = K_e \Phi n$$

（6-13）

可根据整流电路电压平衡方程式（6-13）作出不同控制角 a 时 E_M 与 I_d 的关系曲线。对于三相半波整流电路，$U_d = 1.17 U_2 \cos \alpha$，因此反电动势特性方程为：

$$E_M = 1.17 U_2 \cos \alpha - R_\Sigma I_d - \Delta U$$

（6-14）

根据式（6-14）和式（6-15），电动机的机械特性可用转速与电流的关系式表示为：

$$n = \frac{1.17 U_2 \cos \alpha}{C_e} - \frac{R_\Sigma I_d + \Delta U}{C_e}$$

（6-15）

上式中晶闸管导通压降 ΔU 的值一般为 1 V 左右，可以忽略，从而可作出不同 a 时 n 与 I_d 的关系曲线。可见其机械特性与由直流发电机供电时的机械特性是相似的，是一组平行的直线，仅由于内阻不同其斜率稍有差异。调节 a 即可调节电动机的转速。

同理，可列出三相桥式全控整流电路带电动机负载时的机械特性方程为：

$$n = \frac{2.34 U_2 \cos \alpha}{C_e} - \frac{R_\Sigma}{C_e} I_d$$

（6-16）

实际上，无论采用哪一种可控整流电路，在忽略晶闸管的导通压降 ΔU 的情况下，都可以根据式（6-13）将直流侧的工作关系归结为直流等效回路，从而得到如下一般表达式：

$$E_M = U_d(\alpha) - I_d R_\Sigma$$

（6-17）

其中，$U_d(\alpha)$ 代表其随 a 的不同而改变的函数关系。

（二）电流断续时电动机的机械特性

由于整流电压是一个脉动的直流电压，当电动机的负载减小时，平波电抗器中的电感储能减小，致使电流不再连续，此时电动机的机械特性也就呈现出非线性。

①机械特性的第一个特点；当电流断续时，电动机的理想空载转速抬高。

根据三相半波电路电流连续时反电动势的表达式（6-15），例如 $a = 60°$ 时，若 $I_d = 0$，

忽略 ΔU，设此时对应的反电动势为 E_0'，则其值为 $E_0' = U_d' = 1.17U_2\cos 60° = 0.585U_2$。实际上，当 I_d 减小至某一定值 $I_{d\min}$ 以后，电流变为断续的，这个 E_0' 是不存在的，真正的理想空载点 E_0 远大于此值，因为 $\alpha = 60°$ 的情况下晶闸管触发导通时的相电压瞬时值为 $\sqrt{2}U_2$，它大于 E_0'，因此必然产生电流，这说明 E_0' 并不是空载点。这可以借助于直流侧等效回路，考虑其左侧电源为脉动直流电压 u_d 的波形，最大瞬时值为 $\sqrt{2}U_2$，并且由于整流器件的单向导电性，回路电流 I_d 的方向是固定的，只有当反电动势 E_M 等于脉动直流电压 u_d 的最大峰值 $\sqrt{2}U_2$ 时，电流才能完全等于零，否则只要 E_M 比 u_d 的最大峰值 $\sqrt{2}U_2$ 略小一点，就总是存在断断续续的电流脉冲。在理想空载的情况下，只要有一点电流即会使 n 加速，E_M 随之升高，直到满足任何时刻总有 $E_M \geq u_d$ 才能达到回路完全截流，输出零转矩与理想空载相平衡。同样可分析得出，在电流断续的情况下，只要 $\alpha \leq 60°$，u_d 的最大峰值总是 $\sqrt{2}U_2$，所以电动机的实际空载反电动势都是 $\sqrt{2}U_2$。而当 $u_d \geq 60°$ 以后，u_d 的脉动峰值将由 $\sqrt{2}U_2\cos(\alpha - \pi/3)$ 决定，所以空载反电动势亦总是对应地等于这一峰值。可见，当电流断续时，电动机的理想空载转速提高。

②机械特性的第二个特点：在电流断续区内电动机的机械特性变软，并且具有非线性特性。

在电流断续区内电动机的机械特性明显变软，并且具有非线性特性，即负载电流（或转矩）变化很小也可引起很大的转速变化。对此可做如下定性解释：设整流控制角 a 一定，由于轻载时电流断续，各晶闸管的导通角 $\theta < 120°$，此时对应的 u_d 波形将发生一定的变化，水平直线 E 以下的部分作用时间将比电流连续时缩短，负面积减小，平均面积 U_d 比电流连续时的计算值增加，在电流连续的条件下得出的 U_d 计算公式不再适用。在负载所要求的平均电流 I_d 一定的情况下，反电动势 E_M 也将相应升高。负载越轻，电流越小，电流断续就越明显，因而上述情况越加严重，特性越软。

根据上述分析，可得到不同 α 时的反电动势特性曲线。当 $\alpha \leq 60°$ 时，所有特性的其理想空载点都相同，故交于一点 E_0（或 n_0），即 $\sqrt{2}U_2$ 处。当 $\alpha > 60°$ 时，理想空载点随着 α 的增加而下降。

电流断续区的范围取决于平波电感 L 的大小，L 越大，断续区的范围就越小。这个道理是容易理解的。由于整流输出电压 u_d 是脉动的，可把它分为两部分：一部分是直流分量，即平均电压 U_d；另一部分是交流分量。直流分量为反电动势 E_M 和回路电阻压降所平衡，它产生负载电流的直流分量，即平均值 I_d。u_d 的交流分量产生整流电流 i_d 的交流分量。电流的交流分量的大小主要取决于直流侧的回路电感，特别是平波电感 L 的大小。电感越大，电流中交流分量就越小。所以虽然整流电压的交流分量（相对于直流分量 U_d 而言）较大，但整流电流中的交流分量与直流分量 I_d 相比一般是很小的。由于直流分量。的大小由负载大小来决定，当负载减小时，相应电流的交流分量的影响就越显著。当负载小到一定数值致使整流电流中交流分量的峰值大于平均电流 I_d 时，由于整流元件的单向导电性，将出现电流断续现象。因此为了使 I_d 在较小的情况下电流仍能连续，应该减小电流的交流分量。增大平波电感 L 可达到这一目的。

减小整流电流中的交流分量不仅能减小断续区，改善直流电机机械特性的硬度，而且能改善电动机的工作条件。因为电流的交流分量不产生平均转矩，对克服负载转矩不起有利作用；相反，它会使电机轴上输出转矩发生脉动，在电机中会引起附加损耗，使电机温升提高，还会使电刷火花增大，整流子换向困难。

④机械特性的第三个特点：随着 α 的增加，进入断续区的电流值加大。

上述有关电流交流分量大小对电流连续性影响的分析也有助于理解 α 大小对电流断续区范围的影响问题。α 较大时的反电动势特性，其电流断续区的范围（以虚线表示临界电流线）要比 α 小时的电流断续区大，这是由于在 $\alpha < 90°$ 的范围内，α 愈大，u_d 波形的起伏脉动幅值愈大，作用于 $L - R_\Sigma$ 支路的正负电压脉动幅值增大，因而就一定的平波电感而言，电流 i_d 脉幅（交流分量）增加，使 i_d 要维持连续所需的平均值 I_d 增大。或者从另一个角度讲，α 愈大，变压器副边加给晶闸管阳极上的负电压作用时间愈长，电流要维持连续必须要求平波电抗器储存较大的磁能，而在电抗器的 L 为一定值的情况下，要有较大的电流 I_d 才行。故随着 α 的增大，进入断续区的电流值加大。

以上定性分析了电流断续时电动机机械特性的三个特点，该机械特性可由下面三个式子准确地表示：

$$E_M = \sqrt{2}U_2 \cos\varphi \frac{\sin\left(\frac{\pi}{6} + \alpha + \theta - \varphi\right) - \sin\left(\frac{\pi}{6} + \alpha - \varphi\right)e^{-\theta\cot\varphi}}{1 - e^{-\theta\cot\varphi}}$$

$$(6\text{-}18)$$

$$n = \frac{E_M}{C_e'} = \frac{\sqrt{2}U_2\cos\varphi}{C_e'} \times \frac{\sin\left(\frac{\pi}{6} + \alpha + \theta - \varphi\right) - \sin\left(\frac{\pi}{6} + \alpha - \varphi\right)e^{-\theta\cot\varphi}}{1 - e^{-\theta\cot\varphi}}$$

$$(6\text{-}19)$$

$$I_d = \frac{3\sqrt{2}U_2}{2\pi Z\cos\varphi}\left[\cos\left(\frac{\pi}{6} + \alpha\right) - \cos\left(\frac{\pi}{6} + \alpha + \theta\right) - \frac{C_e'}{\sqrt{2}U_2}\theta n\right]$$

$$(6\text{-}20)$$

一般只要主电路电感足够大，就可以只考虑电流连续段，完全按线性处理。当低速轻载时，断续作用显著，可改用另一段较陡的特性来近似处理，其等效电阻比实际的电阻 R 要大一个数量级。

整流电路为三相半波时，在最小负载电流为 $I_{d\min}$ 的情况下，为保证电流连续所需的主回路电感量为：

$$L = 1.46\frac{U_2}{I_{d\min}} \quad (\text{mH})$$

（6-21）

对于三相桥式全控整流电路带电动机负载的系统，有：

$$L = 0.693\frac{U_2}{I_{d\min}} \quad (\text{mH})$$

（6-22）

L 中包括整流变压器的漏感，电枢电感和平波电抗器的电感。前者数值都较小，有时可忽略。$I_{d\min}$ 一般取电动机额定电流的 5% ~ 10%。

因为三相桥式全控整流电压的脉动频率比三相半波的高一倍，因而所需平波电抗器的电感量可相应减小约一半，这也是三相桥式全控整流电路的一大优点。

二、有源逆变状态时的工作情况

对工作于有源逆变状态时电动机机械特性的分析和整流状态时类似，可按电流连续和断续两种情况分别进行讨论。

（一）电流连续时电动机的机械特性

按照实现有源逆变的条件，U_d 和 E_M 都需要颠倒极性，其中忽略了晶闸管的导通压降 ΔU。依照参考极性，主回路电流连续时的机械特性由电压平衡方程式 $E_M - U_d = I_d R_\Sigma$ 决定，其中 U_d 和 E_M 均为正值，$U_d = U_{d0}\cos\beta$，从而得电动势特性方程为：

$$E_M = U_{d0}\cos\beta + I_d R_\Sigma$$

（6-23）

鉴于 $E_M \propto n$，$I_d \propto T$，对应不同的逆变角 β 时可获得一组彼此平行的以电流表示的机械特性曲线簇。可见调节 β 就可改变电动机的运行转速，且 β 值愈小，相应的转速愈高，反之则转速愈低。在 β 一定的情况下，U_d 一定，随着负载的加重，压降 $I_d R_\Sigma$ 增大，则需要更高的电动势 E_M 与之平衡，因而导致对应的稳态转速 n 增大。

（二）电流断续时电动机的机械特性

对于第Ⅳ象限所示的有源逆变状态下电流断续时电动机的机械特性，与第Ⅰ象限的情况类似，同样有三个显著特点：电流断续区理想空载点上翘；电流断续区的机械特性变软；电流断续区随逆变角 β 的增大而展宽。

1. 电流断续对理想空载转速的影响

众所周知，理想空载转速 n_0 是指规定电压下 $I_d = 0$ 时的转速。当施于轴上的主动转矩为零时，要求相应的 I_d（代表制动转矩）为零，则必须使每相交流电压在晶闸管触发整流作用下，等效直流回路中的瞬时脉动电压 u_d 恒满足等于或大于直流电动势 E_M。因为这两个电压是同极性相连的，所以晶闸管不能再依靠 E_M 的作用承受正偏压，因而不能触发导通。设逆变角 $\beta = \beta_1$，在 ωt_1 时刻触发 VT_1 对应的 a 相电压瞬时值为 u_{a1}，u_d 波形的平均值 U_d 为负值。结合直流侧等效回路，若电流 i_d 连续，则在接近空载时，$E_M = E_1 = |U_d| = U_{d0}\cos\beta_1$ 较大，对应的转速较高。但实际上在 I_d 很小时，i_d 往往是断续的，此时若要 $I_d = 0$，则只有 i_d 恒为零（因为 i_d 恒为非负）。这只有在 $E_M = E_2 \leqslant |u_{a1}|$ 时才能满足，使晶闸管触发不通。若 $E_M = E_1$，由于 $E_1 > |u_{a1}|$，则晶闸管将因承受正向电压而导通，直流侧一定会产生电流，这样制动转矩将大于主动转矩，使电机减速，反电动势 E_M 减小，直到 $E_M = E_2$ 时再次触发 VT_1，就能满足 $E_2 = |u_{a1}|$，i_d 完全等于零，达到转矩平衡，电机的转速保持稳恒。可见理想空载时对应的 $E_M = u_{a1} = E_2$，对应的转速 n_0 比 $E_M = E_1$ 时小得多，从而使机械特性曲线在电流断续区上翘很多。同理，当 $\beta = 30°$ 时，对应的 $u_a = 0$，故 $n_0 = 0$；当 $\beta < 30°$ 时，n_0 为负值；当 $\beta > 30°$ 时，n_0 为正值。

总之，逆变状态下电流出现断续时，对理想空载转速的影响很大，按电流连续时的机械特性方程求得的理想空载转速 n_0' 将和此时实际的理想空载转速 n_0 有很大差异。

2. 电流断续区机械特性变软的原因

在电流断续区内电动机的机械特性变软，并且具有非线性特性，其物理本质与整流状态对应的第 I 象限特性相同。其实，从上面有关电流断续对理想空载转速影响的分析已经看到了机械特性变软的原因，这里只是再加以补充说明。设逆变角 β 一定，由于电流断续，各晶闸管的导通角 $\theta \leqslant 120°$，此时对应的 u_d 波形的负面积将减小，平均面积 U_d 比电流连续时的计算值也减小，在有源逆变电流连续的条件下得出的 U_d 计算公式同样不再适用。在负载所要求的平均电流 I_d 一定的情况下，反电动势 E_M 的幅值也将相应降低。负载电流越小，电流断续就越明显，因而特性越软，I_d 稍有变化就会导致转速的很大变化。

3. 电流断续区随 β 的增大而展宽

在第 IV 象限中临界电流线所划分出的电流断续区随 β 的增大而展宽，其原因与前面对整流状态电流断续时所给出的解释相同，因为在 $\beta < 90°$ 的范围内，β 愈大，u_d 波形的起伏脉动幅值（交流分量）愈大。

在上面定性分析了逆变状态下电流断续区机械特性的三个特点之后，可沿用整流状态下电流断续时的定量结果给出逆变状态的机械特性表达式，只要把 $\alpha = \pi - \beta$ 入式（6-19）、式（6-20）和式（6-21），便可得出 E_M、n 与 I_d 的表达式，求出三相半波电路工作于逆变状态且电流断续时的机械特性，即：

$$E_M = \sqrt{2}U_2\cos\varphi\frac{\sin\left(\frac{7\pi}{6}-\beta+\theta-\varphi\right)-\sin\left(\frac{7\pi}{6}-\beta-\varphi\right)e^{-\theta\cot\varphi}}{1-e^{-\theta\cot\varphi}}$$

（6-24）

$$n = \frac{E_M}{C_e'} = \frac{\sqrt{2}U_2\cos\varphi}{C_e'}\frac{\sin\left(\frac{7\pi}{6}-\beta+\theta-\varphi\right)-\sin\left(\frac{7\pi}{6}-\beta-\varphi\right)e^{-\theta\cot\varphi}}{1-e^{-0\cot\varphi}}$$

（6-25）

$$I_d = \frac{3\sqrt{2}U_2}{2\pi Z\cos\varphi}\left[\cos\left(\frac{7\pi}{6}-\beta\right)-\cos\left(\frac{7\pi}{6}-\beta+\theta\right)-\frac{C_e'}{\sqrt{2}U_2}\theta n\right]$$

（6-26）

分析结果表明，当电流断续时电动机的机械特性不仅和逆变角有关，而且和电路参数、导通角等有关。根据上述公式，取定某一 β 值，根据不同的导通角 θ，就可求得对应的转速和电流，绘出逆变电流断续时电动机的机械特性。可以看出，它与整流时十分相似：理想空载转速上翘很多，机械特性变软，且呈现非线性。这充分说明逆变状态下的机械特性是整流状态下的延续，纵观控制角 α 由小变大，电动机的机械特性则逐渐地由第 I 象限往下移，进而到达第 IV 象限。逆变状态的机械特性同样还可表示在第 II 象限，与它对应的整流状态的机械特性则表示在第 III 象限。

第五节　直流可逆电力拖动系统

与双反星形电路相似，环流是指只在两组变流器之间流动而不经过负载的电流。电动机正向运行时都是由正组变流器供电的，而反向运行时则由反组变流器供电。根据对环流的不同处理方法，反并联可逆电路又可分为几种不同的控制方案，如配合控制有环流（$a = \beta$ 工作制）可控环流、逻辑控制无环流和错位控制无环流等。不论采用哪一种反并联供电线路，都可使电动机在四个象限内运行。如果在任何时间内两组变流器中只有一组投入工作，则可根据电动机所需的运转状态来决定哪一组变流器工作及其相应的工作状态（整流或逆变）。

第 I 象限，正转，电动机做电动运行，正组桥工作在整流状态，$\alpha_P < \pi / 2$，$E_M < U_{da}$。

第 II 象限，正转，电动机做发电运行，反组桥工作在逆变状态，

$$\beta_N < \pi / 2 \left(\alpha_N > \pi / 2 \right)，E_M > U_{d\beta}。$$

第 III 象限，反转，电动机做电动运行，反组桥工作在整流状态，$\alpha_N < \pi / 2$，$E_M < U_{da}$。

第 IV 象限，反转，电动机做发电运行，正组桥工作在逆变状态，

$$\beta_P < \pi / 2 \left(\alpha_P > \pi / 2 \right)，E_M > U_{d\beta}。$$

直流可逆拖动系统除能方便地实现正、反向运转外还能实现回馈制动，把电动机轴上的机械能（包括惯性能、位势能）变为电能回送到电网中去，此时电动机的电磁转矩变成制动转矩。电动机在第 I 象限正转，电动机从正组桥取得电能。如果需要反转，则首先应使电动机迅速制动，就必须改变电枢电流的方向，但对正组桥来说，电流不能反向，需要切换到反组桥工作，并要求反组桥在逆变状态下工作，保证 $U_{d\beta}$ 与 E_M 同极性相接，使电动机的制动电流 $I_d = \left(E_M - U_{d\beta} \right) / R_\Sigma$ 限制在容许范围内。此时电动机进入第 II 象限做正转发电运行，电磁转矩变成制动转矩，电动机轴上的机械能经反组桥逆变为交流电能回馈电网。改变反组桥的逆变角 β，就可改变电动机制动转矩。为了保持电动机在制动过程中有足够的转矩，一般应随着电动机转速的下降，不断地调节 β，使之由小变大直至 $\beta = \pi / 2 (n = 0)$。如果继续增大 β，即 $\alpha < \pi / 2$，则反组桥将转入整流状态下工作，电动机开始反转进入第 III 象限的电动运行。以上就是电动机由正转到反转的全过程。同样，电动机从反转到正转，其过程则由第 III 象限经第 IV 象限最终运行在第 I 象限上。

对于 $a = \beta$ 配合控制的有环流可逆系统，当系统工作时，对正、反两组变流器同时输入触发脉冲，并严格保证 $a = \beta$ 的配合控制关系，假设正组为整流，反组为逆变，即有 $a = \beta$，$U_{da1} = U_{d\beta2}$，且极性相抵，两组变流器之间没有直流环流。但两组变流器的输出电压瞬时值不等，会产生脉动环流。该环流不经过负载而仅经晶闸管在交流侧电源流

过，为防止环流过大而造成电源短路，可以串入环流电抗器 L_C 限制环流。

工程上使用较广泛的逻辑无环流可逆系统不设置环流电抗器，这种无环流可逆系统采用的控制原则是：两组桥在任何时刻只有一组投入工作（另一组关断），所以在两组桥之间不存在环流。但当两组桥之间需要切换时，不能简单地把原来工作着的一组桥的触发脉冲立即封锁，而同时把原来封锁着的另一组桥立即开通，因为已导通的晶闸管并不能在触发脉冲取消的那一瞬间立即被关断，必须待晶闸管承受反向电压时才能关断。如果对两组桥的触发脉冲的封锁和开放是同时进行的，原先导通的组桥不能立即关断，而原先封锁着的组桥倒已经开通，出现两组桥同时导通的情况，因没有环流电抗器，将会产生很大的短路电流，烧毁晶闸管。为此首先应使已导通桥的晶闸管断流，要妥当处理主回路内电感储存的电磁能量，使其以续流的形式释放，通过使原工作桥本身处于逆变状态，把电感储存的一部分能量回馈给电网，其余部分消耗在电机上，直到储存的能量释放完，主回路电流变为零，从而使原导通晶闸管恢复阻断能力。随后再开通原封锁着的晶闸管，使其触发导通。这种无环流可逆系统中变流器之间的切换过程是由逻辑单元控制的，称为逻辑控制无环流系统。

第七章　直流变换电路

第一节　基本斩波电路

一、降压斩波电路

降压斩波电路（Buck Chopper）使用一个全控型器件 V，也可使用其他器件。若采用晶闸管，则须设置使晶闸管关断的辅助换流电路。带反电动势的阻感负载中的 L 通常为平波电感，有利于减小电流脉动。为在 V 关断时给负载中电感电流提供通道，设置了续流二极管 VD。斩波电路的典型用途之一是拖动直流电动机，也可以带蓄电池负载，两种情况下负载中均会出现反电动势。若负载中无反电动势，则只须令 $E_M = 0$，以下的分析及表达式均可适用。

（一）电流连续模式

开关管 V 的栅极控制信号是占空比一定的 PWM 脉冲序列。在 $t = 0$ 时刻，驱动 V 导通，电源 E 向负载供电，负载电压 $u_o = E$，作用于 L - R 两端的电压为 $E - E_M > 0$，因而负载电流 i_o 按指数曲线上升。

在 $t = t_1$ 时刻，控制 V 关断，负载电流经二极管 VD 续流，负载电压 u_o 近似为零，作用于 L - R 两端的电压为 $-E_M < 0$，负载电流呈指数曲线下降。为了使负载电流连续且脉动小，通常使串接的电感 L 值较大。

至一个周期结束，再驱动 V 导通，重复上一周期的过程。当电路工作于稳态时，负载电流在一个周期的初值和终值相等。负载电压平均值为：

$$U_o = \frac{t_{on}}{t_{on} + t_{off}} E = \frac{t_{on}}{T} E = \alpha E$$

$$(7\text{-}1)$$

由式（7-1）可知，输出到负载的电压平均值 U_o 最大为 E，减小占空比 a，U_o 随之减小。因此，将该电路称为降压斩波电路。也有很多文献中直接使用其英文名称，称为

Buck 变换器（Buck Converter）。

负载电流平均值为：

$$I_0 = \frac{U_0 - E_M}{R}$$

（7-2）

从输入到输出的稳态直流电压变换比为：

$$M = U_o / E = \alpha$$

（7-3）

以下分析降压斩波电路的能量传递关系。为简单起见，设 L 值为无穷大，故负载电流维持为 I_o 近似不变。电源只在开关管 V 处于通态时提供能量，为 $EI_o t_{on}$。从负载看，在整个周期 T 中负载一直在消耗能量，所消耗的能量为（$RI_0^2 T + E_M I_0 T$）。一个周期中，若忽略电路中的损耗，则电源提供的能量与负载消耗的能量平衡，即：

$$EI_o t_{on} = RI_0^2 T + E_M I_o T$$

（7-4）

则：

$$I_o = \frac{\alpha E - E_M}{R}$$

（7-5）

此式与式（7-2）一致。

在上述情况中，均假设 L 值为无穷大，负载电流平直。这种情况下，假设电源电流平均值为 I_1，则电源提供的输入平均功率与输出平均功率相平衡，即：

$$EI_1 = U_0 I_o = \alpha EI_o$$

（7-6）

由此式可得：

$$I_1 = \frac{t_{on}}{T} I_o = \alpha I_o$$

（7-7）

由于占空比 $a \leqslant 1$，所以 I_1 值小于或等于负载电流 I_o。式（7-6）和式（7-7）表明降压斩波器相当于一个直流降压变压器。

（二）电流断续模式

若负载中 L 值较小或占空比较小，负载电流易于断续。在 V 关断后，到了 t_2 时刻，负载电流已衰减至零，出现负载电流断续的情况。可将每个周期分为 3 段考虑，设开关管

V 的导通时间 $t_{\text{on}} = \alpha T$ ， VD 的续流时间为 t_{x} ，其余时间负载电流等于零——断流。在断流期间 VD 和 V 均不导通， $u_0 = E_M$ 。

由波形可见，负载电压 u_0 平均值会被抬高，一般不希望出现电流断续的情况。此时负载电压平均值可通过 u_0 的平均面积求得，即：

$$U_{\text{o}} = \frac{t_{\text{on}}E + (T - t_{\text{on}} - t_{\text{x}})E_{\text{M}}}{T} = \alpha E + \left(1 - \frac{t_{\text{on}} + t_{\text{x}}}{T}\right)E_{\text{M}}$$

（7-8）

可见， U_0 不仅和占空比 a 有关，而且和续流时间 t_{x} 的长短及反电动势 E_M 有关。 a 是人为可控制的，而 t_{x} 的大小与 L 和 E_M 等负载情况均有关。

根据对输出电压平均值进行调制的方式不同，斩波电路可有三种控制方式：

①保持开关周期 T 不变，调节开关导通时间 t_{on} ，即脉冲宽度调制（PWM）型。

②保持开关导通时间 t_{on} 不变，改变开关周期 T ，称为频率调制或调频型；。

③ t_{on} 和 T 都可调，使占空比改变，称为混合型。

其中，PWM 型应用最多。

（三）分段线性分析

电力电子电路实质上是分时段线性电路，这里基于这一思想可以对降压斩波电路进行解析。

在 V 处于通态期间，设负载电流为 i_1 ，可列出如下方程：

$$L\frac{di_1}{dt} + Ri_1 + E_{\text{M}} = E$$

（7-9）

设此阶段电流初值为 I_{10} ，时间常数 $\tau = L/R$ ，解上式得：

$$i_1 = I_{10}e^{-\frac{t}{\tau}} + \frac{E - E_{\text{M}}}{R}\left(1 - e^{-\frac{t}{\tau}}\right)$$

（7-10）

在 V 处于断态期间，设负载电流为 i_2 ，可列出如下方程：

$$L\frac{di_2}{dt} + Ri_2 + E_{\text{M}} = 0$$

（7-11）

设此阶段电流初值为 I_{20} ，解上式得：

$$i_2 = I_{20}\mathrm{e}^{-\frac{t}{\tau}} - \frac{E_{\mathrm{M}}}{R}\left(1 - \mathrm{e}^{-\frac{t}{\tau}}\right)$$

$$（7\text{-}12）$$

当电流连续时，有：

$$I_{10} = i_2\left(t_2\right)$$

$$（7\text{-}13）$$

$$I_{20} = i_1\left(t_1\right)$$

$$（7\text{-}14）$$

即 V 进入通态时的电流初值就是 V 在断态阶段结束时的电流值；反之，V 进入断态时的电流初值就是 V 在通态阶段结束时的电流值。

由式（7-10）、式（7-12）、式（7-13）、式（7-14）可求出：

$$I_{10} = \left(\frac{\mathrm{e}^{t_1/\tau} - 1}{\mathrm{e}^{T/\tau} - 1}\right)\frac{E}{R} - \frac{E_{\mathrm{M}}}{R} = \left(\frac{\mathrm{e}^{\Phi\rho} - 1}{\mathrm{e}^{\rho} - 1} - m\right)\frac{E}{R}$$

$$（7\text{-}15）$$

$$I_{20} = \left(\frac{1 - \mathrm{e}^{-t_1/\tau}}{1 - \mathrm{e}^{-T/\tau}}\right)\frac{E}{R} - \frac{E_{\mathrm{M}}}{R} = \left(\frac{1 - \mathrm{e}^{-\phi\rho}}{1 - \mathrm{e}^{-\rho}} - m\right)\frac{E}{R}$$

$$（7\text{-}16）$$

把式（7-15）和式（7-16）用泰勒级数近似，可得：

$$I_{10} \approx I_{20} \approx \frac{(\alpha - m)E}{R} = I_0$$

$$（7\text{-}17）$$

式（7-17）表示了平波电抗器 L 值为无穷大，负载电流完全平直时的负载电流平均值 I_0，此时负载电流最大值、最小值均等于平均值。该式与从能量传递关系推得的式（7-5）是吻合的。

假如负载中 L 值较小，则有可能出现负载电流断续的情况。利用与前面类似的解析方法可对电流断续的情况进行分析。电流断续时，$I_{10} = 0$，且 $t = t_{\mathrm{on}} + t_{\mathrm{x}}$ 时 $i_2 = 0$，利用式（7-13）和式（7-12）可求出 t_{x} 为：

$$t_{\mathrm{x}} = \tau \ln\left[\frac{1 - (1-m)\mathrm{e}^{-\varphi}}{m}\right]$$

$$（7\text{-}18）$$

电流断续时，$t_x < t_{off}$，鉴于 $t_{off} = T - t_{on}$，利用上式及 $\rho = T/\tau$，经过推导可得出电流断续的条件为：

$$m > \frac{e^{q\rho} - 1}{e^{\rho} - 1}$$

（7-19）

对于电路的具体工况，可据此式判断负载电流是否连续。

二、升压斩波电路

升压斩波电路（Boost Chopper）也是使用一个全控型器件。以下同样分为电流连续和断续两种模式分别加以分析。

（一）电流连续模式

升压斩波电路中的电感 L 通常取值较大，起着储能作用。设开关器件 V 在门极 PWM 控制信号 u_G 作用下，每个周期 T 中处于通态的时间为 t_{on}，处于断态的时间为 t_{off}。当 V 处于通态时，二极管 VD 截止，电源 E 作用于电感 L 两端，向 L 充电，积蓄能量，电感电流 i_L 以正斜率直线上升。在 t_1 时刻 V 关断，导致电感电流 i_L 转为减小，i_L 的减小会在 L 两端激起很高的自感电势，极性为左负右正，使二极管 VD 快速导通，E 和 L 共同向电容 C 充电并向负载 R 提供能量。由于这种周期性的充电作用，同时考虑到电容 C 值一般很大，因此可以认为在稳态下输出电压 u_0 基本保持为恒值，记为 U_0。由于 L 两端所激起的自感电势可以很高，所以通常 U_0 比电源电压 E 还要高。这样在 VD 导通期间，功率开关 V 两端的电压 u_T 被钳位到 U_0，即 $u_T = U_0$。在此期间，电感 L 的端电压 $u_L = E - U_0$ 为负值，从而使 i_L 以负斜率直线下降，这意味着电感 L 中的储能向输出端转移。

在电流连续模式的稳态情况下，电感电流 i_L 在各周期中的初始值和终值相等。根据 u_L 波形可知，在 t_{on} 阶段 i_L 的上升率为 E/L，在 t_{off} 阶段 i_L 的下降率为 $(E - U_0)/L$。i_L 的脉动幅值为：

$$\Delta i_{PP} = E t_{on} / L = E\alpha T / L$$

（7-20）

式中，$\alpha = t_{on}/T$ 为占空比。稳态时，由于电感 L 两端的电压 u_L 平均值应为零，所以在一个周期 T 内电压 u_L 对时间的积分为零，即：

$$\int_0^T u_L \, dt = 0$$

（7-21）

这通常被称为电感的稳态伏 - 秒平衡原理。由电感端电压 u_L 的波形可得伏 - 秒平衡方程为：$Et_{on} + (E - U_o)t_{off} = E\alpha T + (E - U_o)(1-\alpha)T = 0$。经过简化可得输出电压的表达式为：

$$U_0 = \frac{E}{1-\alpha}$$

（7-22）

从而可得电压变换比为：

$$M = \frac{U_0}{E} = \frac{1}{1-\alpha}$$

（7-23）

可见，M 总是大于或等于 1，亦称为升压比，恒有 $U_0 \geq E$，输出电压高于电源电压，故称该电路为升压斩波电路。也有的文献中直接采用其英文名称，称为 Boost 变换器（Boost Converter）。

升压斩波电路之所以能使输出电压高于电源电压，关键有两个原因：一是 L 储能之后具有使电压泵升的作用；二是电容 C 可将输出电压保持住。在以上分析中，认为 V 处于通态期间因电容 C 的作用使输出电压 U_0 不变，但实际上 C 值不可能为无穷大，在此阶段其向负载放电，U_0 必然会有所下降，故实际输出电压会略低于式（7-22）所得结果，不过在控制脉冲的重复频率较高、电容 C 值足够大时，误差很小，基本可以忽略。

如果忽略电路中的损耗，则由电源提供的能量仅由负载 R 消耗，即：

$$EI_1 = U_0 I_0$$

（7-24）

鉴于式（7-23），有：

$$I_1 = MI_0$$

（7-25）

式中，I_1 和 I_0 分别表示输入和输出电流的波形平均值。式（7-24）和式（7-25）表明，与降压斩波电路一样，升压斩波电路也可看成是直流变压器。

根据式（7-20），当电感 L 取值很大时，电流脉动幅值 Δi_{pp} 很小，近似为零，在 t_{on} 期间电源 E 向 L 充电的电流保持 I_1 基本恒定。在 t_{off} 期间，二极管 VD 导通，电源 E 和 L 共同又以恒流 I_1 向电容 C 充电并向负载 R 提供能量。在 V 处于通态的阶段，电感 L 积蓄的能量为 $EI_1 t_{on}$；在 V 处于断态的阶段，电感 L 释放的能量为 $(U_o - E)I_1 t_{off}$。当电路工作于稳态时，一个周期 T 中电感 L 积蓄的能量与释放的能量相等，即：

$$EI_1 t_{on} = (U_o - E)I_1 t_{off}$$

$$（7-26）$$

化简可得：

$$U_0 = \frac{t_{on} + t_{off}}{t_{off}} E = \frac{T}{t_{off}} E = \frac{1}{1-\alpha} E$$

$$（7-27）$$

式（7-27）与式（7-22）和式（7-23）是一致的。式中的 $T/t_{off} \geqslant 1$，即前已提及的升压比，调节其大小即可改变输出电压 U_0 的大小，调节的方法与改变占空比 a 的方法类似。

（二）电流断续模式

在电感 L 较小，负载较轻 R 较大，开关频率较低或占空比 a 较小等多种情况下，都有可能导致升压斩波器在每个周期 T 中比电流连续模式多一种工作状态，即存在三种状态。在前两种工作状态期间，有关波形的分析原理与电流连续时相同，只是在开关管 V 处于断态的 t_x 期间，电感电流 i_L 的直线下降速度较快，在下一个周期 V 开始导通之前 i_L 已经衰减到零，从而出现了电流的断续现象，形成第三种状态。输出电压 U_0 越高，在 t_x 期间电感端电压 $u_L = E - U_0$ 的作用负压越大，从而 i_L 的下降就越快，越容易出现断流。在第三种状态期间，开关管 V 仍处于断态，但由于 i_L 已减小到零，使 VD 也截止，因此 $u_T = E$，$u_1 = 0$，VD 反偏。

同样，由电感端电压 u_L 的波形，根据电感的稳态伏 - 秒平衡原理可得：

$$Et_{on} + \left(E - U_o\right)t_x = E\alpha T + \left(E - U_0\right)(1 - \beta)T = 0$$

$$（7-28）$$

简化可得：

$$U_0 = \frac{\alpha + \beta}{\beta} E$$

$$（7-29）$$

从而可得电压变换比为：

$$M = \frac{U_0}{E} = 1 + \frac{\alpha}{\beta}$$

$$（7-30）$$

可见，在电流断续模式下，电压变换比 M 不仅与占空比 a 有关，而且与由电路参数决定的 β 有关。

升压斩波电路在具体应用中应当注意，开关管 V 的导通时间。一般不宜过长，应视电感 L 的大小而定，必须保证电流 i_L 不至于直线上升得过大。较大的电感 L 既可以保证电流的上升率不会过大，又可以使电流具有较好的连续性。

三、降压 - 升压斩波电路和 Cuk 斩波电路

（一）降压 - 升压斩波电路

降压 - 升压斩波电路（Buck-Boost Chopper）主要用于特殊的可调直流电源，这种电源具有一个相对于输入电压公共端为负极性的输出电压。此输出电压可以高于或者低于输入电压。

设电路中电感 L 值很大，电容 C 值也很大，使电感电流 i_L 和电容电压即负载电压 u_0 基本为恒值，分别记为 I_L 和 U_0。

该电路的基本工作原理是：当可控开关 V 处于通态时，电源 E 经 V 向电感 L 供电使其储存能量，此时电流为 i_1。同时，电容 C 维持输出电压基本恒定并向负载 R 供电。此后，关断 V，电感 L 中储存的能量向负载释放，能量被转移到输出端，电流为 i_2。可见，负载电压极性为上负下正，与电源电压极性相反，与前面介绍的降压斩波电路和升压斩波电路的情况也相反，因此该电路也被称为反极性斩波电路。

根据式（7-21）所示电感稳态伏 - 秒平衡原理，在 V 处于通态期间，$u_L = E$；而在 V 处于断态期间，$u_L = -U_0$。于是有：

$$Et_{on} = U_o t_{off}$$

（7-31）

所以输出电压为：

$$U_o = \frac{t_{on}}{t_{off}}E = \frac{t_{on}}{T - t_{on}}E = \frac{\alpha}{1-\alpha}E$$

（7-32）

电压变换比为：

$$M = \frac{U_0}{E} = \frac{\alpha}{1-\alpha}$$

（7-33）

通过改变占空比 a，输出电压既可以比电源电压高，也可以比电源电压低。当 $0 < \alpha < 1/2$ 时为降压，当 $1/2 < \alpha < 1$ 时为升压。

降压 - 升压斩波电路可视为由降压与升压斩波电路组合而成的。式（7-33）所示输出 - 输入电压的变换比是两个变换电路串级变换比，即式（7-3）和式（7-23）的乘积。

电源电流 i_1 和负载电流 i_2 的波形，设两者的平均值分别为 I_1 和 I_2，当电流脉动足够小时，有：

$$\frac{I_1}{I_2} = \frac{t_{on}}{t_{off}}$$

（7-34）

由式（7-34）可得：

$$I_2 = \frac{t_{off}}{t_{on}} I_1 = \frac{1-\alpha}{\alpha} I_1$$

（7-35）

如果V和VD为没有损耗的理想开关，则：

$$EI_1 = U_0 I_2$$

（7-36）

其输出功率和输入功率相等，可视为直流变压器。

降压 - 升压斩波电路也是单管不隔离直流变换器。该电路的一个缺点是输入电流i_1和输出电流i_2总是断续的，这对供电电源和负载都是不利的。

（二）Cuk 斩波电路

该电路是以设计者的名字命名的直流变换电路，是对前面讨论的降压 - 升压斩波电路应用对偶原理而得到的，又称为升压 - 降压斩波电路（Boost-Buck Chopper）。类似降压 - 升压斩波电路，Cuk 斩波电路也提供一个相对于输入公共端为负极性的可调输出电压。这里，电容器C用于储存来自输入端的能量并将能量转移到输出端。

当开关管V处于通态时，$E - L_1 - V$回路和$R - L_2 - C - V$回路分别流过电流；当V处于断态时，$E - L_1 - C - VD$回路和$R - L_2 - VD$回路分别流过电流。输出电压的极性与电源电压的极性相反。在V截止期间，二极管VD导通，相当于开关S打在A端，输入电源E经L，给能量传递电容C充电。在V导通期间，电容C上的已充电电压极性使VD反偏阻断，相当于等效电路中开关打到B端，电容C把前一阶段存储的能量释放转移给R和L_2。在输入电流I_1一定的情况下，V处于断态的时间t_{off}越长，则能量传递电容C的储能越大，负载电流I_0也越大。相反，在输入电源E一定的情况下，I_1随导通时间t_{on}的增加而增加，因此输出电压将随占空比a的增大而增大。

稳态时电容C的电流在一个周期内的平均值应为零，也就是其对时间的积分为零，即稳态下电容的安 - 秒平衡原理为：

$$\int_0^T i_C \, \mathrm{d}t = 0$$

（7-37）

开关 S 合到 B 点的时间为 V 处于通态的时间 t_{on} ，则电容电流和时间的乘积为 $I_2 t_{\text{on}}$ ；开关 S 合到 A 点的时间为 V 处于断态的时间 t_{off} ，则电容电流和时间的乘积为 $I_1 t_{\text{off}}$ 。由此可得：

$$I_2 t_{\text{on}} = I_1 t_{\text{off}}$$

（7-38）

从而有：

$$\frac{I_2}{I_1} = \frac{t_{\text{off}}}{t_{\text{on}}} = \frac{T - t_{\text{on}}}{t_{\text{on}}} = \frac{1 - \alpha}{\alpha}$$

（7-39）

当电容 C 很大而使电容电压 u_C 的脉动足够小时，输出电压 U_0 与输入电压 E 的关系可用以下方法求出。当开关 S 合到 B 点时， B 点电压 $u_B = 0$ ， A 点电压 $u_A = -u_C$ ；相反，当 S 合到 A 点时， $u_B = u_C$ ， $u_A = 0$ 。因此， B 点电压 u_B 的平均值 $U_B = \frac{t_{\text{off}}}{T} U_C$ （ U_c 为电容电压 u_C 的平均值），又因稳态下电感 L_1 的电压的平均值零，所以 $E = U_B = \frac{t_{\text{off}}}{T} U_C$ 。同样， A 点电压的平均值 $U_A = -\frac{t_{\text{on}}}{T} U_C$ ，且 L_2 的电压平均值为零，输出电压 U_0 的极性，有 $U_0 = \frac{t_{\text{oa}}}{T} U_C$ 。于是可得出输出电压 U_0 与电源电压 E 的关系为：

$$U_0 = \frac{t_{\text{on}}}{t_{\text{off}}} E = \frac{t_{\text{on}}}{T - t_{\text{on}}} E = \frac{\alpha}{1 - \alpha} E$$

（7-40）

电压变换比为：

$$M = \frac{U_o}{E} = \frac{\alpha}{1 - \alpha}$$

（7-41）

这两式的输入、输出关系与降压 - 升压斩波电路的情况相同。

与降压 - 升压斩波电路相比，Cuk 斩波电路有一个明显的优点，即其输入电源电流和输出负载电流都是连续的，且脉动很小，有利于对输入、输出进行滤波。

第二节　复合斩波电路

一、两象限直流斩波电路

当斩波电路用于拖动直流电动机时，常需要使电动机既可电动运行，又可再生制动，将能量回馈到电源。从电动状态到再生制动的切换可通过改变电路连接方式来实现，但在要求快速响应时须通过对电路本身的控制来实现。在上一节介绍的降压斩波电路和升压斩波电路中，电流均只能单方向流动。这里介绍的两象限直流斩波电路是将降压斩波电路与升压斩波电路组合在一起，当拖动直流电动机时，电动机的电枢电流可正可负，但电压只能是一种极性，故可认为工作于第一象限和第二象限。

在该电路中，V_1 和 VD_1 构成降压斩波电路，由电源向直流电动机供电，电动机做电动运行，工作于第一象限；V_2 和 VD_2 构成升压斩波电路，把直流电动机的动能转变为电能反馈到电源，使电动机做再生制动运行，工作于第二象限。需要注意的是，若 V_1 和 VD_1 同时导通，将导致电源短路，进而会损坏电路中的开关器件或电源，因此必须防止出现这种情况。

当电路只做降压斩波器运行时，V_2 和 VD_2 总处于断态；当电路只做升压斩波器运行时，V_1 和 VD_1 总处于断态。两种工作情况与前面讨论的完全一样。此外，该电路还有第三种工作方式，即在一个周期内交替地作为降压斩波电路和升压斩波电路工作。在这种工作方式下，当降压斩波电路或升压斩波电路的电流断续而为零时，使另一个斩波电路工作，让电流反方向流过，这样电动机电枢回路总有电流流过。例如，当降压斩波电路的 V_1 关断后，由于积蓄的能量少，经一短时间电抗器 L 的储能即释放完毕，电枢电流为零。这时使 V_2 导通，由于电动机反电势 E_M 的作用使电枢电流反向流过，电抗器 L 积蓄能量。待 V_2 关断后，由于 L 积蓄的能量和 E_M 共同作用使 VD_2 导通，向电源反送能量。当反向电流变为零，即 L 积蓄的能量释放完毕时，再次使 V_1 导通，又有正向电流流通，如此循环，两个斩波电路交替工作。

这样，在一个周期内，电枢电流沿正、负两个方向流通，电流不断续，所以响应很快。

二、四象限直流斩波电路

虽然两象限直流斩波电路可使电动机的电枢电流可逆，实现电动机的两象限运行，但其所能提供的电压极性是单向的。当需要电动机进行正、反转以及可电动又可制动的场合，就必须将两个半桥式（两象限）直流斩波电路组合起来，分别向电动机提供正向和反向电压，即成为全桥式（四象限）斩波变换电路。

当使 V_4 保持通态时，向电动机提供正电压，可使电动机工作于第一、二象限，即正转电动和正转再生制动状态。此时，须防止 V_3 导通造成电源短路。

当使 V_2 保持通态时，由 V_3、VD_3 和 V_4、VD_4 等效为又一组两象限直流斩波电路，向电动机提供负电压，可使电动机工作于第三、四象限。其中，V_3、VD_3 构成降压斩波电路，向电动机供电使其工作于第三象限即反转电动状态；而 V_4、VD_4 构成升压斩波电路，可使电动机工作于第四象限即反转再生制动状态。

第三节　单端间接式直流变换电路

同前面的直接式直流变换电路即直流斩波电路相比，间接式直流变换电路中增加了交流环节，因此也称为直-交-直变换电路。

采用这种结构较为复杂的电路来完成 DC/DC 变换有以下原因：

①输出端与输入端需要隔离。

②某些应用中需要相互隔离的多路输出。

③输出电压与输入电压的比例远小于 1 或远大于 1。

④交流环节采用较高的工作频率，可以减小变压器和滤波电感、滤波电容的体积和质量。通常工作频率应高于人耳的听觉极限即 20kHz，以免变压器和电感产生刺耳的噪声。随着电力半导体器件和磁性材料的技术进步，电路的工作频率已达几百千赫到几兆赫，进一步缩小了体积和质量。

由于工作频率较高，逆变电路通常使用全控型器件，如 GTR、MOSFET、IGBT 等。电气隔离一般需要由高频磁性材料做成的高频变压器。整流电路中通常采用快恢复二极管或通态压降较低的肖特基二极管，在低电压输出的电路中，还采用低导通电阻的 MOSFET 构成同步整流电路（Synchronous Rectifier），以进一步降低损耗。

间接式直流变换电路分为单端（Single End）电路和双端（Double End）电路两大类。在单端电路中，变压器磁芯中的工作磁通是单方向直流脉动的，而在双端电路中，变压器磁芯中的工作磁通为正、负对称交变的。下面将要介绍的正激式和反激式直流变换电路属于单端电路，半桥式、全桥式和推挽式直流变换电路属于双端电路。

一、单端正激式直流变换电路

电路的工作过程为：开关 S 开通后，匝数为 N_1（下文用匝数表示该绕组名称）的变压器原边绕组两端的电压为上正下负，与其耦合的 N_2 绕组两端的电压也是上正下负，因此 VD_1 和 S 同时导通，VD_2 为断态，滤波电感 L 的电流逐渐增大；S 关断后，电感 L 通过 VD_2 续流，VD_1 关断，滤波器输入电压为零，L 的电流逐渐下降。可见，匝数为 N_2 的变压器副边绕组相当于连接了一个带 LC 滤波的降压直流斩波电路，工作方式相同。

S 关断后，变压器原边绕组 N_1 的自感电势为上负下正，从而由于两绕组的反极性连接，变压器 N_3 绕组的感应电势为上正下负，使 VD_3 导通，变压器励磁电流经 VD_3 和 N_3 绕组流回电源。此时 N_1 绕组两端自感电压 u_{N1} 的大小由 u_{N3} 决定，由于 $u_{N3}=U_i$，所以 N_1 绕组的感应电势被钳位于：

$$u_{NI}=-\frac{N_1}{N_3}U_i$$

（7-42）

开关 S 两端承受的电压为：

$$u_s=U_i+\frac{N_1}{N_3}U_i=\left(1+\frac{N_1}{N_3}\right)U_i$$

（7-43）

在单端正激式直流变换电路中，变压器的绕组 N_3 和二极管 VD_3 组成复位电路。下面分析其工作原理。

在开关 S 刚刚关断时，变压器铁芯中的磁通币处较大的峰值，对应的激磁电流分量 i_m 也处于较大的峰值。由于在变压器原边没有为励磁电流提供由 VD_1 和 R_3 组成的续流通路，所以将会导致磁通及励磁电流发生跃变，在变压器 N_1 绕组两端激起极高的自感电势。变压器 N_3 绕组和 VD_3 辅助电路正是为解决这一问题而设置的。在开关 S 导通时，由于 N_3 绕组感应电势为上负下正，VD_3 关断 N_3 绕组不参与能量传输。当 S 关断时，变压器 N_3 绕组的上正下负的自感电势极性刚好可以使续流二极管 VD_3 导通，形成自下往上的电流 i_3，这一方面为磁通的维持提供了励磁电流通路，另一方面 N_3 绕组的上正下负的电压极性决定了 i_3 线性减小，从而使激磁磁势、激磁电流及磁通线性减小，为磁通复位提供了条件。磁通复位需要释放磁能，VD_3 的导通使能量馈入电源，从而避免了变压器绕组两端激起过高的自感电势。

单端正激式变换器的铁芯工作于第一象限，根据法拉第电磁感应定律所给出的磁通变化率与电压的关系可知，在 S 导通期间，磁化铁芯磁通增量为：

$$\Delta\Phi_{on} = \frac{U_i}{N_1}t_{on}$$

（7-44）

在 S 关断期间，铁芯去磁，设从 S 关断到 N_3 绕组的电流下降到零所需的时间为 t_{rst}，则铁芯磁通变化量为：

$$\Delta\Phi_{off} = -\frac{U_i}{N_3}t_{rst}$$

（7-45）

在 S 的关断时间 t_{off} 内，磁通必须回复到零，t_{off} 必须大于 t_{rst}，否则铁芯将饱和。由式（7-44）和式（7-45）可得：

$$t_{rst} = \frac{N_3}{N_1}t_{on}$$

（7-46）

将 $T - t_{on} = t_{off} \geqslant t_{rst}$ 代入式（7-46），经整理得：

$$\frac{t_{on}}{T} = \alpha \leqslant \frac{N_1}{N_1 + N_3}$$

（7-47）

由式（7-47）和式（7-43）可见，当 $N_3 < N_1$ 时,占空比 a 可大于 0.5，但开关器件须承受更高的阻断电压。通常取 $N_3 = N_1$，$a \leqslant 0.5$，以保证铁芯磁通能可靠地复位。为了使 N_3 绕组将开关导通期间存储于磁场中的能量全部返回电源，N_3 与 N_1 必须紧密耦合，通常采用并绕。

前已叙及，变压器的 N_2 副边绕组相当于连接了一个带 LC 滤波的降压直流斩波电路，因此，在输出滤波电感电流连续的情况下，即每周期 S 开通时电感 L 的电流不为零，由式（7-1）可得输出电压为：

$$U_0 = \alpha U_{N2} = \alpha \frac{N_2}{N_1}U_i$$

（7-48）

式中，$U_{N2} = \frac{N_2}{N_1}U_i$ 为 S 导通期间 N_2 副边的输出电压幅值，即降压直流斩波电路的输入电压。进而可得输出与输入之间的电压变换比为：

$$M = \frac{U_0}{U_i} = \alpha \frac{N_2}{N_1}$$

（7-49）

如果输出电感电流不连续，输出电压 U_0 将高于式（7-48）的计算值，并随负载减小而升高，在负载为零的极限情况下，$U_0 = U_{N2} = \dfrac{N_2}{N_1} U_i$。

二、单端反激式直流变换电路

同正激式电路不同，反激（Flyback）式电路中的变压器起着储能元件的作用，可以看成是一对相互耦合的电感。开关 S 开通后，VD 处于断态，N_1 绕组的电流呈线性增长，电感储能增加；S 关断后，N_1 绕组的电流被切断，变压器中储存的磁场能量通过 N_2 绕组和 VD 向输出端释放。电视机的行扫描电路一般都设有一个类似的变换器，其变压器变比很大，可以产生很高的电压脉冲来驱动显像管电子束的行扫描返回到下一行的起点（行逆程回扫），因此反激式直流变换器又有回扫变换器（Flyback Converter）之称。

由于该电路的隔离变压器是以电感储能、放能方式工作的，其利用率不高，体积也比较大，在设计时应尽可能减小原边绕组的漏感，一方面可以提高能量的传递效率，另一方面在开关管关断时，原边漏感的储能无处释放会激发过高的感应电势，通常需要附加缓冲吸收电路。

单端反激式直流变换电路可以认为是升压斩波电路经过对其中的储能电感 L 用一个具有同样大小的励磁电感的变压器来代替而演变得到的，这样可以实现输出与输入之间的电气隔离。因此，反激式电路的变压器与前面讨论的正激式电路的要求不同，后者的变压器要求励磁电感尽可能大以减小励磁电流，近似于理想变压器，而反激式电路变压器的励磁电感可以根据储能大小的要求进行适当的设计选择，因此通常被称为储能变压器。

开关 S 导通时，变压器原边的电压 $u_{N1} = U_i$，在 S 关断后跃变为负值，即：

$$u_{N1} = -\frac{N_1}{N_2} U_0$$

（7-50）

对应的实际电压极性为上负下正，从而开关 S 的端电压为：

$$u_S = U_i + \frac{N_1}{N_2} U_0$$

（7-51）

反激式电路可以工作在电流连续和电流断续两种模式下：

①当 S 开通时，如果 N_2 绕组中的电流尚未下降到零，则称电路工作于电流连续模式。

②如果 S 开通前，N_2 绕组中的电流已经下降到零，则称电路工作于电流断续模式。

单端反激式直流变换电路在电流断续模式下的理想化波形，其中 t_{rst} 为磁通复位时间。当该电路工作于电流连续模式时，由于铁芯工作于第一象限，根据法拉第电磁感应定律所给出的磁通变化率与电压的关系可知，在 S 导通期间，磁化铁芯磁通增量为：

$$\Delta\Phi_{on} = \frac{U_i}{N_1}t_{on}$$

（7-52）

在 S 关断时间 t_{off} 内，铁芯去磁，磁通从 S 关断时的峰值下降到开通时的最小值，其变化量为：

$$\Delta\Phi_{off} = -\frac{U_0}{N_2}t_{off}$$

（7-53）

在稳态情况下，两个磁通变化量的大小应相等。由式（7-52）和式（7-53）可得：

$$U_0 = \frac{t_{on}}{t_{off}}\frac{N_2}{N_1}U_i = \frac{\alpha}{1-\alpha}\frac{N_2}{N_1}U_i$$

（7-54）

实际上，变压器原边电压 u_{N1} 应同样满足电感电压的稳态伏-秒平衡原理，所以每周期的正、负脉冲面积相等，即：

$$U_i t_{on} = \frac{N_1}{N_2}U_0 t_{rst}$$

（7-55）

当该电路工作于电流连续模式下时，$t_{rst} = t_{off}$，也可以推导得出式（7-54）。
电压变换比为：

$$M = \frac{U_0}{U_i} = \frac{\alpha}{1-\alpha}\frac{N_2}{N_1}$$

（7-56）

可见，在占空比 a 较大时，输出电压 U_0 升高，这里 a 可以大于 0.5。PWM 开关频率一定的情况下，a 的增大使 t_{off} 缩短，这似乎对磁通复位不利，但由于 U_0 的升高使磁通复位变化率加快，对稳定磁通的变化范围、防止磁通饱和起着一定的自动调节作用。

当电路工作于电路断续模式下时，由式（7-55）得出的输出电压要高于式（7-54）的计算值，并且随负载减小而升高，在完全空载的极限情况下，$U_0 \to \infty$，这将损坏电路中的元件，因此反激式电路不应工作于负载开路状态。

单端反激式直流变换电路对多路副边输出的负载有较好的自动平衡能力，所以它最适合多路输出（可以是不同的电压和电流）的 DC/DC 变换器，如用作较大功率逆变电源中的控制及驱动电路的辅助电源等，但一般仅限于 100W 以内的小功率直流电源变换器。

第四节　双端间接式直流变换电路

如前所述，在单端电路中，变压器铁芯中磁通是单方向直流脉动的。本节将要介绍的半桥、全桥（分为占空比控制与移相控制）和推挽式直流变换电路均属于双端间接式直流变换电路，与单端正激式直流变换电路不同的是，高频变压器铁芯的工作磁通在磁化曲线的第一、三象限之间对称地交变，铁芯的利用率较高，也不必担心磁通的复位问题，而且对应于正、负半周都可以向输出端传递能量，所以变压器副边既可以采用带中心抽头的高频全波整流，又可以采用高频桥式整流。双端间接式直流变换电路一般适合于功率较大的直流电源变换器。

一、半桥直流变换电路

在半桥直流变换电路中，变压器一次侧的两端分别连接在电容 C_1、C_2 的中点和开关 S_1、S_2 的中点。变压器一次侧实际上相当于半桥逆变电路的负载。电容 C_1、C_2 各分得的电压为 $U_i/2$。S_1 与 S_2 交替导通，使变压器一次侧形成幅值为 $U_i/2$ 的方波交流电压。变压器副边按一定变比得到与 u_1 具有同样波形的交流电压，经过高频全波整流得到 u_d 为单极性方波脉冲，再通过 LC 滤波环节得到 u_0 的近似平直的波形。通过改变开关的占空比，就可以改变二次侧整流电压 u_d 的平均值，也就改变了输出平均电压 U_0。

S_1 导通时，二极管 VD_1 处于通态；S_2 导通时，二极管 VD_2 处于通态。当两个开关都关断时，变压器绕组 N_1 中的电流为零，但较大的滤波电感 L 中流过的电流 i_L 只能通过变压器副边来维持其连续性（续流）。根据变压器的磁势平衡方程，绕阻 N_2 和 N_3 中的电流大小相等、方向相反，所以 VD_1 和 VD_2 都处于通态，各分担一半的电流。由于滤波电容较大，u_0 脉动很小，在 S_1 或 S_2 导通期间，电感 L 的端电压为近似恒定的正值，使电流 i_L 近似直线上升；当两个开关都关断时，$u_d=0$，电感 L 的电流呈直线下降。S_1 与 S_2 断态时承受的峰值电压均为 U_i。

由于电容 C_1、C_2 的隔直作用，半桥直流变换电路对由于两个开关导通时间不对称而造成的变压器一次侧电压的直流分量有自动平衡作用，因此不容易发生变压器的偏磁和直流磁饱和。

为了避免上下两开关在换流的过程中发生短暂的同时导通现象而造成短路损坏开关器件，每个开关各自的占空比 a 不能超过 50%，并应留有裕量。

设变压器副边匝数 $N_2=N_3$，则在 S_1 或 S_2 导通期间，u_d 的方波幅值 $U_2=\dfrac{N_2}{N_1}\dfrac{U_i}{2}$，

当滤波电感 L 的电流连续时，通过计算 u_d 波形的平均面积 $\overline{u}_d$ 不难得出：

$$U_0 = \overline{u}_d = \frac{U_2 t_{on}}{T/2} = \frac{t_{on}}{T} \frac{N_2}{N_1} U_i = \alpha \frac{N_2}{N_1} U_i$$

（7-57）

电压变换比为：

$$M = \frac{U_0}{U_i} = \alpha \frac{N_2}{N_1}$$

（7-58）

如果输出电感电流不连续，输出电压 U_0 将高于式（7-57）的计算值，并随负载减小而升高，在完全空载的极限情况下，$U_0 = \frac{N_2}{N_1} \frac{U_i}{2}$。

类似半桥直流变换电路这样的双端正激式变换电路，如前所述，由于高频变压器中的电流正、负对称交变，铁芯的工作磁通在磁化曲线的第一、三象限之间亦对称地交变，不必设置专门的磁通复位电路。变压器原边的正向电流使铁芯正向磁化，对应于第一象限；负向电流使铁芯反向磁化，对应于第三象限，这在半桥直流变换电路中分别由开关 S_1 和 S_2 予以控制。不过需要特别指出，由前面的分析已知，在 S_1 和 S_2 通断轮换中间，往往有一段时间两开关都不导通，原边电流为零，但此时铁芯磁通并非为零，而是已达到较大的值，因为 S_1 或 S_2 导通期间励磁电流及磁通一直在线性增大。因此，在 S_1 和 S_2 均关断期间，需要变压器的原边或副边提供励磁电流的续流通路来维持该磁通不变，待其后的原边电流反方向作用时，磁通才开始复位，并向另一个方向（象限）过渡。维持上述磁通不变所需要的励磁电流的续流通路对不同的变换电路拓扑结构有不同的提供方式。

二、全桥直流变换电路

全桥直流变换电路中的逆变电路由 4 个开关组成，互为对角的 2 个开关同时导通，而同一侧半桥上下 2 个开关交替导通，将直流电压逆变成幅值为 U_i 的交流电压，加在变压器一次侧。改变开关的占空比就可以改变整流电压 u_d 的平均值，也就改变了输出电压 U_0。

由于滤波电容较大，u_0 脉动很小，近为恒值。在 S_1、S_4 同时导通期间，电感 L 的端电压近似为恒定的正值，使电感 L 的电流 i_L 近似直线上升；当 S_2 与 S_3 开通时，二极管 VD_2 和 VD_3 处于通态，电感电流也近似直线上升。当 4 个开关都关断时，变压器原边绕组 N_1 中的电流为零，较大的滤波电感 L 中流过的电流 i_L 只能通过整流二极管来续流，所以 4 只二极管都处于通态，近似有 $u_d=0$，电流 i_L 呈直线下降。在此期间，4 只二极管各分担一半的电感电流。S_1 和 S_2 断态时承受的峰值电压均为 U_i。

如果 S_1、S_4 与 S_2、S_3 的导通时间不对称，则交流电压 u_{AB} 中将含有直流分量，会在变压器一次侧电流中产生很大的直流分量，并可能造成磁路饱和，因此全桥直流变换电路应注意避免电压直流分量的产生，也可以在一次侧回路串联一个电容，以阻断直流电流。

为了避免同一侧半桥中上下 2 个开关在换流的过程中发生短暂的同时导通现象而损坏开关，每个开关各自的占空比不能超过 50%，并应留有裕量。

u_d 的方波幅值 $U_2 = \dfrac{N_2}{N_1} U_i$，当滤波电感 L 的电流连续时，通过计算 u_d 波形的平均面积 $\overline{u}_d$ 可得：

$$U_0 = \overline{u}_d = \frac{U_2 t_{on}}{T/2} = 2 \frac{t_{on}}{T} \frac{N_2}{N_1} U_i = 2\alpha \frac{N_2}{N_1} U_i$$

$$（7\text{-}59）$$

电压变换比为：

$$M = \frac{U_0}{U_i} = 2\alpha \frac{N_2}{N_1}$$

$$（7\text{-}60）$$

如果输出电感电流不连续，输出电压 U_0 将高于式（7-59）的计算值，并随负载减小而升高，在完全空载的极限情况下，$U_0 = \dfrac{N_2}{N_1} U_1$。

三、全桥直流变换电路的移相控制

全桥直流变换电路既可以采用前面介绍的 PWM 占空比控制方式，也可以采用移相控制方式。下面将电路的 4 个桥臂开关 $S_1 \sim S_4$ 以 IGBT 与反并联二极管组成的逆导开关来具体实现，变压器副边改用带有中间抽头的高频全波整流电路，讨论有关移相控制的基本原理及工作波形。

对于由 4 只开关管 $S_1 \sim S_4$ 组成的全桥逆变电路，其交流侧输出电压 u_{AB} 作用于变压器原边。分别由 S_1，S_2 和 S_3，S_4 组成的两组半桥电路，各自按照 180° 方波控制方式控制每组半桥电路的上、下两桥臂互补通断，并且两个半桥的控制方波在相位上发生一个 θ 角的相移。实际上该控制波形与单相全桥逆变电路的移相控制方式相同。

在单相全桥逆变电路交流侧所得到的 u_{AB} 电压波形为正、负对称的 θ 宽方波，经过变压器隔离，变压器副边按一定变比得到与 u_{AB} 具有同样波形的交流电压，经过高频全波整流变为 u_d 的单极性方波脉冲序列，再通过 LC 滤波环节得到 $u_。$ 的近似平直的波形。改变移相角 θ 就可以改变二次侧整流电压 u_d 的平均值，也就改变了输出平均电压 U_0。

由于 S_3、S_4 半桥电路的控制方波比 S_1、S_2 半桥电路滞后 θ 角，所以通常称左半桥的 S_1、S_2 为超前桥臂，右半桥的 S_3、S_4 为滞后桥臂。θ 角的移相范围为 0° ～ 180°。根据移相控制波形，在每个周期 T 中，4 只开关管的通断情况不外乎有 4 种可能的导通组合：

当互为对角的两个开关 S_1、S_4 导通时，$u_{AB} = +U_i$，对应的变压器副边整流二极管 VD_1 导通，u_d 等于变压器副边电压 U_2，此处有：

$$U_2 = \frac{N_2}{N_1} U_i$$

（7-61）

当互为对角的两个开关 $S_{2,3}$ 导通时，$u_{AB} = -U_i$，对应的整流二极管 VD_2 导通，仍有 u_d 等于 U_2；当 S_1、S_3 或 S_2、S_4 导通时，$u_{AB} = 0$，$u_d = 0$。此时较大的滤波电感 L 中流过的电流 i_L 只能通过变压器副边来续流，所以 VD_1 和 VD_2 同时导通。

u_d 的波形为经移相控制的 PWM 波形。通过计算其平均值可以确定直流输出电压 U_0 的大小，由式（7-61）可得：

$$U_0 = \overline{u}_d = \frac{U_2 \theta}{\pi} = \frac{\theta}{\pi} \frac{N_2}{N_1} U_i$$

（7-62）

电压变换比为：

$$M = \frac{U_0}{U_i} = \frac{\theta}{\pi} \frac{N_2}{N_1}$$

（7-63）

在实际应用中，常在变压器一次侧与原边绕组串联一个小电感，与开关器件的 $C - E$ 间等效电容构成谐振回路，配合以反并联二极管作用，使 4 个开关器件呈现零电压开关（ZVS）的特点，从而可以降低高频器件的开关损耗。这种软开关性能的实现得益于其独特的移相控制方法。

四、推挽式直流变换电路

实际上该电路是利用带中心抽头变压器的逆变电路构成的，有关逆变电路的工作原理不再重复分析。两个开关 S_1 和 S_2 交替导通，在绕组 N_1 和 N_1' 两端分别形成相位相反的交流电压。S_1 导通时，二极管 VD_1 处于通态；S_2 导通时，二极管 VD_2 处于通态；当两个开关都关断时，VD_1 和 VD_2 都处于通态，各分担一半的电流。S_1 或 S_2 导通时，电感 L 的电流逐渐上升；两个开关都关断时，电感 L 的电流逐渐下降。S_1 和 S_2 断态时承受的峰值电压均为 $2U_i$。

如果 S_1 和 S_2 同时导通，就相当于变压器一次侧绕组短路，因此应避免两个开关同时导通，每个开关各自的占空比不能超过 50%，还要留有死区。

当滤波电感 L 的电流连续时，有：

$$U_0 = \overline{u}_d = \frac{U_2 t_{on}}{T/2} = 2\frac{t_{on}}{T}\frac{N_2}{N_1}U_i = 2\alpha\frac{N_2}{N_1}U_i$$

（7-64）

电压变化比为：

$$M = \frac{U_0}{U_i} = 2\alpha\frac{N_2}{N_1}$$

（7-65）

如果输出电感电流不连续，输出电压 U_0 将高于式（7-64）的计算值，并随负载减小而升高，在完全空载的极限情况下，$U_0 = \frac{N_2}{N_1}U_i$。

第八章 电力电子技术的实际应用

第一节 电力电子技术在单片机中的应用

一、晶闸管触发脉冲的单片机实现技术

晶闸管作为电力电子技术发展最早和最成熟的器件，至今仍有广泛的应用。它的控制方式通常有移相触发控制和过零开关控制两种。过零开关控制适用于如电子调温器、微波炉等需要调节功率的场合，晶闸管反向并联后（或使用双向晶闸管），使其在几个周期内导通，几个周期内关断，从而达到调节输出功率的目的；而移相触发控制适用于大功率整流电源、电动机软启动器、可调光照明等场合，通过调节晶闸管导通时刻的相位来达到控制输出的目的。

晶闸管的触发控制可以通过模拟电路、数字电路、单片机控制等方法实现，以往采用模拟电路实现触发控制的方法应用最多，并出现过许多专用触发芯片，如 KJ004、KJ041、KJ042、TCA785 等，然而模拟电路控制总是存在控制精度不高、对称度不好、易受温度漂移影响等问题。此外，分类元件较多、体积过大也是模拟电路不受欢迎的原因。数字式触发电路则通过脉冲定时技术的方式实现触发角的延迟计算，与模拟方式相比，其控制精度高，对称性好，温度漂移影响小，但其主要缺点是电路复杂，移相触发角较大时控制精度有所降低。而单片机控制除了具有与数字式触发电路相同的优点外，更因为其移相触发角由软件计算完成，因而具有触发电路结构简单，控制灵活，精度可通过软件补偿，移相范围可任意调节等特点，目前已获得了广泛应用。

单片机控制的数字触发器大体由同步（过零）检测电路、软件部分的设计（如计数器、脉冲分配等）和驱动电路等几个部分组成。单片机通过检测电路获知触发信号，而通过编程实现预定的程序流程，以在相关时间或规定时间上通过 I/O 端口输出触发脉冲，而且触发脉冲的上升沿和下降沿产生的时刻可以根据单片机的特性进行设定。经过驱动电路的隔离和放大，触发脉冲才能驱动晶闸管整流器。

二、晶闸管的同步检测

晶闸管的同步检测要与其使用方式相适应，一般有电流过零检测与电压过零检测两

种。电流过零检测常用在交流电子开关方面（如调功器），采用双向晶闸管或双反并联晶闸管结构，在导通的晶闸管电流未降到零之前，触发其反并联的晶闸管是没有意义的，因此常采用电流过零检测实现同步过零触发。而在整流电路中，由于晶闸管的触发信号应以同步电压信号为基准延迟一定的相位角，故此时应采用同步电压过零检测。

（一）电压过零检测

电压过零检测用于可控整流电路、交流调压电路中，一般以同步电压过零点作为触发电路的相位延迟基准，因此检测的任务就是通过测量同步电压过零的时刻，以此点作为单片机计算晶闸管触发相位角的起始点。检测一个正弦电压信号的过零点的方法很多，最为简单的方法就是测量电压的极性变化，也可以使用比较器或其他简单电路来检测。下面简要介绍几种常用的方法。

检测电压极性的简单方法是将两只二极管同方向串联后接到数字电路的电源与地之间。将被检测电压的一端也连接到数字电路电源上，另一端通过一个限流电阻连接到两个二极管之间，当被测电压极性为正（设此时为连接到二极管端的电位高），则连接到电源上的二极管导通，两个二极管连接点的电位被钳位于高电平；当被测电压极性为负时，二极管连接点的电位被钳位于低电平。因此当被测电压极性发生变化时，二极管连接点的电平也发生跳变，检测出过零点。采用这种方法检测电压同步过零点，具有简单和低成本的特点。不过该电路的主要缺点是检测的过零点有延迟，且延迟时间取决于与之连接的单片机 I/O 端口工作模式（TTL 或施密特触发），还与被测电压的大小有关，被测电压越小，过零延迟时间越长，因此这种电压过零检测方式对于被测电压高，特别是电源电压直接输入的情况较为合适。

利用晶体管及电阻等分立元件实现的同步信号过零检测电路，正弦同步信号电压经过一个限流电阻输入晶体管的基极，在同步信号每一次正半周过零后，晶体管便饱和导通一次，在晶体管的集电极电压上将产生一个正脉冲；在同步信号负半周，晶体管截止。为防止高电压反向击穿晶体管的发射结，在其基极上反向并联一个二极管，在负半周时，二极管导通，使晶体管基极反向电压只有 0.7V，从而保证晶体管不被损坏。因此在一个同步信号周期内，晶体管的集电极电阻上将输出一个与之同步的矩形脉冲信号。

使用比较器进行同步电压过零检测非常适用于带内部比较器的单片机。以 Philips 的 LPC 系列单片机为例，比较器的正向输入端通过一个高值的限流电阻与被测电压的一端 B 相连，被测电压的另一端 A 接在数字电路的电源上，反向输入端连接外部或内部参考电压。当 A 点电位低于 B 点电位时，比较器正向输入引脚的电压被内部钳位二极管限压略高于电源电压，比较器输出高电平；当 A 点电位高于 B 点电位时，比较器正向输入引脚的电压被内部二极管钳位在 0V，反向输入端电位高，比较器输出低电平，即比较器在电压过零时触发反转，检测出同步过零。LPC 单片机可通过查询比较器的输出或由比较器产生中断来实现同步。当然，也可采用独立的外部比较器芯片来实现。

（二）电流过零检测

电流过零检测常用于以双向晶闸管为主的交流电子开关，其主要的目的是实现负载功率的调节。由电子开关控制，使负载导电几个周期后，又断电几个周期，通过改变通电与断电周期数的比值来实现对负载功率的调节，即所谓的调功器。与移相式控制方法相比，其主要的优点是控制简单，且通电时负载电压波形为完整正弦波，谐波含量小。

电流过零检测最简单的方法是将电流信号转化为电压信号，再按电压过零检测的方法进行检测。当然采用这种检测方法时需要在负载上串联一个采样电阻，或在负载电流较大时采用电流传感器来获取电流信号，然后经过放大和电平变换才与单片机连接。这至少需要一个额外的运算放大器及其相关元件，电路复杂了很多。下面介绍一种利用双向晶闸管门极电压检测电流过零的方法。

对于交流电子开关的应用，通常采用双向晶闸管器件，它也有三个极，但没有阳极和阴极之分，分别称为第一电极 T1、第二电极 T2 和控制极 G。一般第一电极 T1 靠近 G 极，它们之间的正、反向电阻都很小，而第二电极 T2 离控制极 G 较远，它们之间的阻值较大。根据负载电流和双向晶闸管的特性，在电流过零时，门极 G 到 T1 极的电压 V_G 可低至 0.1V 或大于 1.2V，因此使用窗口比较器监视该电压，即可检测到电流过零。

电流的过零检测也非常适合监视双向晶闸管的状态，如果晶闸管意外地发生换流，单片机可通过窗口比较器检测到门极电压变化，并进行相应的处理，如重新触发晶闸管，发出警告信号或关闭晶闸管。

此外，上述各种检测电路与单片机之间可直接相连，也可通过光电隔离电路等相连，这需要根据实际情况来决定。

三、触发脉冲控制的实现方法

相位控制要求以变流电路的自然换相点（即用二极管替代晶闸管时，对应位置二极管导通的时刻）为基准，经过一定的相位延迟后，再输出触发信号使晶闸管导通。在实际应用中，自然换相点通过同步信号给出，再按前面介绍的同步电压过零检测的方法在 CPU 中实现，并由 CPU 控制软件完成移相计算后，按移相要求输出触发脉冲。下面主要介绍如何实现相位的延迟计算。

在单片机控制系统中，晶闸管触发相位的延迟可以通过 CPU 内部定时器计算产生。仍以 LPC 系列单片机为例，单片机检测的同步信号过零时刻作为触发相位延迟定时器计算的起点，而定时器的定时时间常数则需要根据检测的同步信号周期（一般用另一个定时器来测量）和应延迟的触发相位大小进行计算。

假定 0° ~ 180° 的触发相位延迟角以 8 位二进制数的形式给出，触发相位延迟角指

令的分辨率为 $0.7°$ ，此 8 位二进制数 D 与触发延迟角 a 的关系为

$$\alpha = \frac{D}{256} \times 180°$$

（8-1）

设单片机定时器计数脉冲的周期为 T_s ，在此计数周期条件下，经过内部定时计数测量的同步信号周期计数值为 T ，即 $360°$ 角对应的计数值为 T ，那么在相同的定时计数周期下由式（8-1）推导可得到触发延迟角 a 对应的计数值 T_N 为

$$T_N = \frac{D}{512} \times T$$

（8-2）

将式（8-2）计算的定时计数值变换成定时初值装入定时器后，并在检测的同步信号过零时刻启动定时器工作，当定时器溢出时输出触发脉冲，即可获得所需的脉冲延迟相位。在单片机中，所有这些处理都可完全通过中断来实现。

在三相电路中，触发脉冲信号输出的时序也可以由单片机根据同步信号电平情况来确定。以三相桥式可控整流电路为例，当 A 相同步电压信号被 LPC 单片机检测，得到矩形波的电平信号，这时，单片机实现输出脉冲时序的计算通常有两种方法：第一种方法是每相都用一套独立的同步电压信号和定时器来完成触发脉冲的定时输出，此时需要三个同步电压信号和三个定时器。以 A 相为例，单片机在完成同步检测和相位延迟定时后，输出触发脉冲，但该脉冲送 A 相的哪个晶闸管则由同步信号电平决定。当同步信号为高电平时，触发脉冲送 V_1 晶闸管；反之，同步信号电平为低，则送 V_4 晶闸管，其他相以此类推。这种方法简单，容易编程实现，但需要单片机的资源较多。第二种方法是用一个同步电压信号和一个定时器来完成触发脉冲的计算，这在三相电路对称时是可行的。因为三相完全对称，各相彼此差 $120°$ ，电路每个 $60°$ 需要换流一次，且换流的时序事先是已知的。该方法与第一种方法比较，所用单片机资源少，只要一个同步信号，电路也简单，但软件计算工作量稍大些。

采用第二种方法实现触发脉冲的延迟要比第一种算法复杂，具体实现方法如下：由于只用一个同步信号，所有晶闸管的触发脉冲延迟都以它为基准，为了保证触发脉冲延迟相位的精度，用一个定时器测量同步电压信号的周期，并由此计算出 $60°$ 和 $120°$ 电角度所对应的时间。由于三相桥式可控整流电路的触发电路必须每隔 $60°$ 换流一次，也就是说，每隔 $60°$ 时间必然要输出一次触发脉冲信号，因此第一个基准触发脉冲信号必须调整到小于 $60°$ 才能保证触发脉冲不遗漏。以 A 相同步电压信号为基准，当单片机检测到 A 相同步电压信号由 0 到 1 的跳变时，启动定时器工作，当定时器溢出时，输出第一个触发脉冲信号，以后每隔 $60°$ 定时时间输出一次触发脉冲，直到单片机再次检测到 A 相同步信号的正跳变时，又重复上述过程。值得注意的是，从单片机检测到同步电压正跳变到输出第一个触发脉冲信号的时间必须调整到小于 $60°$ 电角度时间，否则会造成触发脉冲的遗

漏。第一个触发脉冲相对于同步信号正跳变的时间可根据三相桥式整流电路的触发时序来调整。

当移相延迟角 $a < 60°$ 时，以 A 相同步信号为基准并按延迟角时间定时实现的第一个脉冲输出应该是 A 相 V_1 晶闸管的触发信号，因而延迟时间无须调整。之后，每隔 60° 时间依次输出 A 相 V_2、V_3、V_4、V_5、V_6 晶闸管的触发信号。

当 60° ≤ 移相延迟角 $a < 120°$ 时，为保证触发脉冲不遗漏，应将延迟角的定时时间调整在 60° 电角度时间之内，即减去一个 60° 电角度时间；相应地，输出触发脉冲的时序也要进行调整，此时第一个输出触发脉冲信号应该是 B 相 V_6 晶闸管的触发信号，之后，每隔 60° 时间依次输出 V_1、V_2、V_3、V_4、V_5 晶闸管的触发信号。

当移相延迟角 $a > 120°$ 时，要将延迟角的定时时间调整在 60° 电角度时间之内，则须减去一个 120° 电角度时间，此时第一个输出触发脉冲信号应该是 C 相 V_5 晶闸管的触发信号，之后，每隔 60° 时间依次输出 V_6、V_1、V_2、V_3、V_4 晶闸管的触发信号。

四、晶闸管触发脉冲的驱动

由单片机产生的触发脉冲信号，经单片机 I/O 端口输出，能否直接触发晶闸管导通，不仅与晶闸管的门极触发参数有关，而且与单片机 I/O 口的结构和驱动能力有关。一般来说，如果单片机 I/O 口的结构是推挽模式，则输出 MOSFET 不管输出为 1 或输出为 0 都能保持较低的输出阻抗，因而具有一定的电流驱动能力。要有效地触发晶闸管导通，在负载电流上升到大于晶闸管维持电流之前，必须保持门极触发电流大于晶闸管门极触发所需的最小电流 I_{GT}。因此只有在单片机 I/O 口驱动电流大于晶闸管门极触发所需的最小电流 I_{GT} 时，才可能用单片机直接驱动。例如，LPC 系列单片机的单个口线的最大驱动能力 I_{OL} 为 20 mA，PhilipsH 象限 D 型双向晶闸管的门极触发电流仅需几毫安（额定为 16A 的 BTA216-600D 晶闸管，仅需 5 mA）。因此使用一个口线可以轻易驱动此类晶闸管。对于灵敏度最低、换流性能最好的 B 型双向晶闸管（如 BTAZ16-600B），可用三个 LPC 口并行驱动以达到 50 mA 以上触发电流的要求。当然这对 I/O 口非常有限的单片机来说，实在是一种浪费。

当单片机 I/O 的驱动能力不足以直接驱动晶闸管导通时，可以使用晶体管进行功率放大后驱动路。在不隔离驱动情况下，将单片机的电源与交流输入电源的一端连接，晶闸管的驱动信号由单片机的一个口线输出，经过电阻 R_1 到晶体管的基极。当单片机输出驱动信号时，晶体管 V_1 饱和导通，在晶体管 V_2 也处于饱和导通的情况下，单片机的电源电压经双向晶闸管的 T_1 极、G 极、限流电阻 R_2 和两个导通的晶体管形成通路，使晶闸管的 T_1 和 G 极之间产生一定的电压降，从而触发晶闸管导通，交流回路负载供电。其中并联在 T_1 和 G 极之间的电容 C_1 起高通滤波作用，避免晶闸管被高频干扰信号误触发而导通，而

R_4 和 C_2 组成的阻容网络实现晶闸管的过电压保护。此外，当系统发生故障需要封锁触发脉冲时，只需要使晶体管 V_2 处于截止状态即可，这时不管驱动信号是否存在，都不能触发晶闸管导通。

当然，如果要实现单片机控制系统和主电路的隔离，可以通过光耦合器传递触发驱动脉冲信号，或者通过脉冲变压器进行触发驱动。一般地，当触发小功率晶闸管时，可在触发电路板上采用光电耦合隔离，直接触发晶闸管；而当触发大功率晶闸管时，为了获得大的触发功率，一般采用脉冲变压器隔离驱动。这里给出一个实用的脉冲触发功放电路。此电路由缓冲器、光耦合器（简称光耦）、变压器等器件组成。

第二节　电力电子技术在电力系统的应用

一、无功功率补偿器

电力电子技术在电能的发生、输送、分配和使用的全过程都得到了广泛而重要的应用。柔性交流输电系统也称灵活交流输电系统（Flexible AC Transmission Systems，FACTS），包括晶闸管投切电容器（TSC）、晶闸管控制电抗器（TCR）、晶闸管控制的串联补偿电容器（TCSC）等，它们都属于无功功率补偿器。

（一）晶闸管投切电容器（TSC）

利用机械开关（接触器触点）投入或者切除电容器可以控制电网中的无功功率，来提高电网的功率因数，这种方式在电容器投切时会对电网产生较大的电流冲击。由反并联晶闸管构成的交流电力电子双向开关来代替机械开关，就组成了晶闸管投切电容器（TSC）。

TSC运行时晶闸管投切原则：在满足无功功率补偿要求的情况下，保证晶闸管导通，使电容器投入时不产生电流冲击。为此，电容器投入之前预先充电至电源峰值电压。电容器投入时，使流经其电流为零，没有冲击，之后按正弦规律变化。如果需要切除电容器，去掉晶闸管上的触发脉冲即可，两个器件在电流过零时关断。

为了降低成本，实际使用中常采用晶闸管和二极管反并联方式的TSC电路。这是由于二极管的作用，在电路不导通时 u_C 总会维持在电源电压峰值处，缺点是响应速度慢一些，电容器投切最大滞后一个周期。

（二）晶闸管控制电抗器（TCR）

负载近似为纯感性负载，晶闸管的移相范围是 $90°$ ~ $180°$。调节触发角 a，可连续调节流过电抗器的电流，从而调节电路从电网中吸收的无功功率。与电容器相配合，可以在从感性到容性变化的范围内对无功功率进行连续调节。

（三）晶闸管控制的串联补偿电容器（TCSC）

在长距离交流输电系统中，用晶闸管控制的串联补偿电容器来提高输电线路的电能输送容量、降低电压波动已有很长的历史，已成为灵活交流输电系统中的主要项目。由于输电线路的电抗大，所能传输的功率极限就越小，在输电线路中串联接入电容器可以补偿线路的电感，从而提高输电线路的输电能力，改善系统的稳定性。为了改变串联电容的大小，可将一定容量的电容 C 与一个晶闸管电抗器相并联，再串联接入输电线路中。通过对晶闸管进行移相控制，改变等效电感的大小，从而连续调节 A、B 两点间的等效电容 X_C，补偿输电线路的感抗 X_L。此外，还可以调控线路 B 点的电压，改变输电线路或电网中的有功功率、无功功率潮流分布，使之最优化。

二、静止同步补偿器

静止同步补偿器（Static Synchronous Compensator，STATCOM）同样也是柔性交流输电系统中的重要成员之一。静止同步补偿器有时也称静止无功发生器（Static Var Generator，sVG），早期还称为静止同步调相机（Static Synchronous Condenser，STATCON），是一种并联同步的无功补偿装置。它以变换器技术为基础，等效为一个可调的电压源或电流源，通过控制电压或电流幅值和相位来改变向电网输送无功功率的大小，从而达到控制电力系统参数（电压、稳定性）的目的。STATCOM具有体积小、响应速度快、可连续调节无功功率等优点。

STATCOM 的核心组成是变换器，按照直流侧储能元件采用电容还是电感可分为电压型变换器和电流型变换器两种。由于电容储能效率较高，实际应用中基本上都采用电压型变换器（Voltage-Source Inverter，VSI）。

STATCOM 的主电路包括储能元件电容和 VSI，变换器通过连接电抗器或变压器接入电力系统。理想情况下（忽略线路阻抗和 STATCOM 的损耗），可以将 STATCOM 的输出等效成"可控"电压源 U_1，交流系统视为理想电压源 U_s，二者相位一致。当 $U_1 > U_s$ 时，从 STATCOM 流出的电流相位超前 U_1 电压 90°（$U_1 - jX_s I = U_s$），STATCOM 工作于容性区，输出无功功率；反之，当 $U_1 < U_s$ 时，从交流系统输入 STATCOM 的电流相位滞后电压 90°（$U_1 + jX_s = U_s$），STATCOM 工作于感性区，吸收无功功率；当 $U_1 = U_s$ 时，交流系统与 STATCOM 之间的电流为零，不交换无功功率。可见，STATCOM 输出无功功率的极性和大小取决于 U_1 和 U_s 的大小，通过控制 U_1 的大小就可以连续调节 STATCOM 发出或吸收的无功功率。

实际的 STATCOM 中总是存在一定损耗的，并考虑到各种动态元件的相互作用及电力电子开关器件的离散操作，其工作过程要比上面介绍的简单工作原理复杂得多。

第三节　电力电子技术在新能源领域的应用

一、光伏发电

太阳能是地球其他各主要能源的最初来源，是一种重要的可再生能源。太阳能的利用方式有热利用（如热水器）、光化学利用和光伏利用等。其中，太阳能发电包括热动力（水流和气流）发电和目前普遍采用的光伏（Photovoltaic，PV）发电。光伏发电由太阳能电池实现，太阳能电池单元是光电转换的最小单元，其所能产生的电压较低（Si电池约为 0.5 V /25 mA），一般需要将电池单元进行串、并联组成太阳能电池组件，众多太阳能电池组件再进行串并联后形成太阳能电池阵列才能实际应用。太阳能发电系统只有在白天有阳光时才能发电，因此系统需要储能单元将日间发出的电能储存起来以便发电系统连续供电。太阳能电池阵列发出的电能是直流电，用电设备一般需要交流供电，所以系统中需要由逆变电路将直流电变换为交流电供交流负载使用。系统由光伏电池阵列、DC/DC 变换器、DC/AC 变换器、控制器、蓄电池等组成。DC/DC 变换器在光伏电池与电网或负载之间建立一个缓冲直流环节，根据网压需求提升或降低光伏电池电压、维持直流电压稳定。DC/AC 变换器产生合适的交流电能注入电网。

光伏发电系统可以分为独立和并网发电系统。独立发电系统不与大电网并网，只在较小范围内给负载供电。并网发电系统与电网连接，利用大电网，使供电的稳定性和电能品质得到保证，并且可以取消能量储存环节。

光伏并网逆变器的拓扑结构是逆变器的关键部分，关系着逆变器的效率和成本。一般情况，拓扑结构可以大致分为单级并网模式和两级并网模式两种。单级式光伏并网系统拓扑结构主要特点：通过光伏电池阵列串联提升直流侧电压等级，满足并网逆变器正常工作时所需的直流母线电压，通过一次变换将直流功率转换成交流功率并馈送到电网上。与此同时，通过对逆变器并网功率的控制实现对光伏电池阵列最大功率点的跟踪。

两级式光伏并网系统拓扑结构主要特点：首先通过第一级 DC/DC 变换器将光伏电池阵列的直流电升压或者降压为满足并网逆变器要求的直流电压，实现对光伏电池阵列的最大功率点跟踪（Maximum Power Point Tracking，MPPT）；其次通过第二级 DC/AC 逆变器，直流母线上的直流功率逆变为交流功率，实现光伏发电能量到电网的传送。第一级变化通常采用 Boost 升压电路。

二、风力发电

在风力发电系统中，目前主流机型主要包括笼形异步发电机、直驱式永磁同步风力发电机、双馈式风力发电机。

（一）直驱式永磁同步风力发电机

直驱式永磁同步风力发电机组（Direct-drive Permanent Magnet Synchronous Generator，D-PMSG）包括风力机、永磁同步发电机及全功率变流器等主要器件。风力机与永磁同步发电机之间没有经齿轮箱，它们直接驱动定子通过全功率变换器接入电网。与其他类型的风力发电机组相比，直驱式永磁同步风力发电机组具有如下优点：①无齿轮箱；②在风力发电机组与电网之间使用了全功率变流器，从而电网故障对风力发电机组的影响较小，实现了发电机与电网的解耦；③发电机侧可以实现变速运行，以满足最大风能捕获的要求，而且调速范围更宽；④可以实现网侧变流器的有功和无功控制。当电网故障时，能提供无功支持。

（二）双馈式风力发电机

双馈式发电机（Double-Fed Induction Generator，DFIG）的结构是在绕线转子异步电动机的转子回路中接入一个变频器实现交流励磁。采用双馈感应发电机时，发电机定子绕组直接接到电网上，转子上的双向功率变流器组的另一端也接入电网。

用于双馈式异步风力发电系统的交流励磁变流器主要有交直交电压型变流器（两电平双 PWM 变流器）、晶闸管相控交交直接变流器（周波变换器）、矩阵式交交变流器。其中，两电平电压型双 PWM 变流器的控制最简单、可靠，技术上最成熟，目前应用最多。还可采用诸如多电平等技术的变流技术。

双馈风力发电系统采用的双变流器典型拓扑由两个相同结构的电压源型变流器采用背靠背连接方式构成，中间直流环节采用电容连接，两个变流器之间实现独立控制，两个变流器之间进行有功功率交换。交流侧接电网的变流器简称为网侧变流器，转子侧接双馈电机转子绕组的变流器简称为机侧变流器。当双馈电机运行于亚同步状态时，网侧变流器运行在整流模式，机侧变流器则运行于逆变模式，定子通过双变流器从电网吸收功率；当双馈电机运行于超同步状态时，机侧变流器运行在整流模式，网侧变流器则运行在逆变模式，定子通过双变流器向电网输出功率。可以看出，直流环节使其两侧变流器实现了解耦。在整流或逆变的运行过程中，两个变流器根据不同的控制目标进行各自的独立控制，可根据整个系统的需求进行相互的协调控制。因此，研究双变流器的协调控制策略，必须首先研究电压源型变流器的运行与控制特性，为双变流器的协调控制提供理论基础。

双变流器中的功率交换情况取决于双馈风力发电机组的运行状态。当网侧变流器工作于单位功率因数整流状态时，交流侧的电压和电流同相位，功率流入网侧变流器，过直流环节将功率传递到运行于逆变模式的机侧变流器。当网侧变流器工作于单位功率因数逆变状态时，交流侧的电压和电流相位相反，功率经网侧变流器流入电网，功率是从机侧变流器通过直流环节传递过来的。因此，变流器具有能量双向流动的能力。

第四节　电力电子技术在电源技术中的应用

一、开关电源

开关电源指通过控制电力电子开关的通断比对电能的形式进行变换和控制的变流装置。我们通常所说的开关电源是专指变流装置中的直流电源。开关电源的控制有其专门的集成电路。

开关电源产生之前，主要使用线性稳压电源。由于开关电源具有效率高、稳压范围宽、体积和质量小等特点，除了对直流输出电压的纹波要求极高的场合外，开关电源正全面取代线性稳压电源。例如，电视机、计算机、各种仪器仪表等小功率场合，开关电源已完全取代线性电源。通信电源、电镀装置及电焊机等中等容量的电源，开关电源也在逐步取代相控电源。开关电源已成为直流电源的主要形式，在电子、电气、通信、航空航天、能源、军事及家电等领域是一种应用广泛的电力电子装置。

交流输入电压经整流滤波后，将得到的直流电压供给 DC/DC 变换器，DC/DC 变换器是开关电源的核心，其主电路就是不隔离和带隔离的直流变换器。

当前关于 DC/DC 变换器拓扑的研究众多，特点鲜明。按照输入侧和输出侧之间是否带有电气隔离将 DC/DC 变换器分为两类：非隔离型 DC/DC 变换器和隔离型 DC/DC 变换器。基本的非隔离型 DC/DC 变换器包括 Buck、Boost、Buck-Boost、Cuk、Zeta 和 Sepic 变换器。目前最为常见的非隔离型双向 DC/DC 变换器是通过开关管上反并联二极管和二极管上反并联开关管后得到的双向 Buck-Boost 变换器。这种变换器结构简单，使用的元器件少，成本低。但开关管的电压应力高，输出电压极性为负。为有效降低加在开关器件上的电压应力，可采用四管双向 Buck-Boost 变换器，它能够输出正极性的电压，缺点是使用的功率器件增加，提高了成本。

非隔离型双向 DC/DC 变换器拓扑简单，易于实现，但是受到输入、输出电压比限制，在宽输入、输出电压范围下，变换器功率密度会降低，同时因为不具备电气隔离，所以在要求有较大的电压传输比和需要电气隔离的场合时，需要考虑采用隔离型双向 DC/DC 变换器。

当前关于隔离型双向 DC/DC 变换器的拓扑研究有正激双向 DC/DC 变换器、反激双向 DC/DC 变换器、推挽双向 DC/DC 变换器、半桥双向 DC/DC 变换器及全桥 DC/DC 变换器等。其中，隔离型全桥双向 DC/DC 变换器因其易实现软开关、高可靠性、高功率密度和结构对称等优点，成为微电网储能系统中首选的电力电子接口装置。相对于其他几种隔离型双向 DC/DC 变换器拓扑，隔离型全桥双向 DC/DC 变换器开关管所承受的电流、电压应力较小，适用于大功率、电压变比较大、需要电气隔离的场合，如电动汽车充放电系统、航空电源、不间断电源等。

二、不间断电源

一些重要用电设备需要不间断的高质量的电力供应，如通信、计算机、自动化设备、航空航天、金融、医院、网络、政府部门、军事、应急照明、电梯、消防等领域中的关键设备，一旦停电将会造成巨大损失，即使瞬时的供电中断也可能造成不堪设想的后果。不间断电源（UPS）能够在电网供电中断的情况下保证用电设备的正常供电。

UPS 是一种含有储能装置，以逆变电路为主要组成部分的恒压、恒频不间断电源，可以向用电设备提供输出稳压精度高、工作频率稳定、输出失真度小的正弦电压波。不论市电电网供电正常与否，在长期运行过程中，能够把所产生的任何瞬时供电中断时间控制在 5 ~ 10 ms 的范围内，对于要求严格的场合，瞬时供电中断时间可控制在 3 ms 之内。UPS 包括单相输入单相输出方式、三相输入单相输出方式及单相输入三相输出方式。从电路结构上可以分为后备式、在线互动式、双变换在线式和双变换电压补偿在线式四类。

（一）后备式

后备式 UPS 由交流稳压器、充电器、蓄电池组、逆变器、转换开关五部分组成。当市电正常供电时，一方面充电器给蓄电池组充电，另一方面由交流稳压电源通过转换开关输出稳定的交流电。当市电供电电压异常时，转换开关切换到逆变器输出端，逆变器工作，将蓄电池组的直流电压逆变为交流电压输出。后备式 UPS 市电利用率高，结构简单，成本低廉，输入功率因数和电源电流谐波含量取决于负载性质，输出能力强，输出电压稳定度差，但能满足一般要求。当市电中断时，转换时间一般为 4 ~ 10ms，多用在 2kVA 以下。

（二）在线互动式

在线互动式 UPS 的结构由输入开关、交流稳压器、DC/AC 双向变换器及蓄电池组组成。其核心为一个双向变换器，目前主要采用 PWM 变流电路，既可以整流又可以逆变，该变换器一直处于热备份状态。市电正常时，双向变换器工作于整流状态，完成对蓄电池组的充电；当市电异常时，变换器立即转换为逆变工作状态，将蓄电池组的直流电压逆变成交流电压输出。

在线互动式 UPS 市电利用率高，可达 98% 以上，输入功率因数和电源电流谐波含量取决于负载性质，输出能力强，输出电压稳定度较差，但能满足一般要求。当市电中断时，转换时间接近于零，但仍有转换时间，比后备式 UPS 小得多，电路简单，成本低，输出功率多在 5kVA 以下。

（三）双变换在线式

双变换在线式 UPS 包括了 AC/DC 整流器、蓄电池组、DC/AC 逆变器、旁路开关。当市电存在时，AC/DC 变换器工作在整流状态，向蓄电池组充电。该整流器多为晶闸管可控整流器，目前有向全控型 PWM 整流器发展的趋势。DC/AC 逆变器完成向负载供电的功能，无论由市电供电，还是转为蓄电池组供电，转换时间均为零。旁路开关只有在逆变器发生故障时才接通，把市电直接输出。

双变换在线式 UPS 不管有无市电，负载的全部功率都由逆变器提供，输出正弦波形失真系数小，输出的电能质量较高。市电中断时，输出电压不受影响，无转换时间。由于负载功率全部由逆变器提供，输出能力不理想，对负载有诸多限制。市电存在时，串联的两个变换器都承担 100% 的负载功率，整机效率高。

（四）双变换电压补偿在线式

双变换电压补偿在线式结构也称串并联调整式结构，该结构把交流电源稳压技术中的电压补偿原理应用到 UPS 电路中，其组成包括变压器、两个逆变器、蓄电池组。两个逆变器均为能量双向流动的变流器。市电正常时，两个逆变器只对输入电压与输出电压的差值进行补偿，当输入电压高于输出电压额定值时，逆变器Ⅰ吸收功率，反极性补偿输入输出电压的差值；当输入电压低于输出电压额定值时，逆变器Ⅰ输出功率，正极性补偿输入输出电压的差值。逆变器Ⅱ主要补偿逆变器Ⅰ吸收或发出的功率，并实现对蓄电池的充电。在市电中断时，全部输出功率由逆变器Ⅱ输出，保证输出电压不间断，转换时间为零。

双变换电压补偿在线式 UPS 无转换时间，市电中断时输出电压不受影响，由并联的逆变器进行补偿可以实现输入端的功率因数校正和谐波补偿。市电存在时，两个逆变器并不处理全部功率，整机效率较高。

三、应急电源

应急电源（Emergency Power Supply，EPS）与 UPS 相似，用于在电网停电时为负载供电，允许有 0.1 ~ 0.25 s 的短时间供电中断，而 UPS 的供电中断时间一般小于 10 ms。EPS 一般不对输入交流电进行稳压处理，平时逆变器不输出功率，但处于启动状态，一旦市电中断，立即通过接触器切换投入。因 EPS 允许供电中断时间较长，故对电路和工作模式的设计限制较小，功能和性能都要求较低。

EPS 与 UPS 相比结构简单，设备成本低，大部分时间由市电直接供电，因而耗能小、寿命长、节能、无噪声。EPS 主要用于消防系统、应急照明、电梯、水泵等场合，负载为混合负载，即容性、感性及整流式非线性负载兼而有之，要求其输出动态特性要好，抗过载能力要强，可靠性要高。

第五节 有源电力滤波器

现在在电力系统引起波形畸变的谐波源是多种多样的，电力系统向非线性设备供电时，这些设备在传递（如变压器）、变换（如交/直流换流器）、吸收（如电弧炉）系统电源所供给的基波能量的同时，把部分基波能量转换为谐波能量，反注入系统，电力系统的正弦波形发生畸变，电能质量降低。一般认为其主要原因在以下三方面：一是发电源质量不高产生谐波；二是输配电系统产生谐波；三是用电设备产生谐波。这些谐波功率不仅会消耗系统和设备本身的无功功率储备，影响电力网和电气设备的安全、经济运行，而且会危及广大用户的正常用电和生产。

总体来说，电力系统谐波的危害主要表现在以下方面：①通过电力电容器引起谐波放大，导致电容器过载并损坏电容器；②增加旋转电机的损耗；③增加输电线路的损耗，缩短输电线路使用寿命；④增加变压器的损耗；⑤造成继电保护、自动装置工作紊乱；⑥引起电力测量的误差；⑦干扰通信线路、通信设备的正常工作；⑧延缓电弧熄灭，导致断路器断弧困难，影响断流能力；⑨对其他设备造成影响，导致功率开关器件控制装置误动作，影响互感器的测量精度等。

因此，消除或降低电网中运行的电力电子装置所产生的谐波不但是贯彻执行国家标准和对相关法规的技术支持，而且是改善电网电能质量，提高电网运行效率，维护电气设备的安全稳定运行的电气环境所迫切要求的。随着PWM技术、大功率可关断器件的快速发展，以及高性能数字控制技术的不断推出，电能质量的控制和管理技术得到了大量的研究和应用。目前最具代表和影响的电能质量控制器主要包括动态电压调节器、有源电力滤波器、静止无功补偿器、统一电能质量管理器等。其中对电网中大量的非线性负荷所产生的谐波，采取的治理措施主要有三种：一是受端治理，从受到谐波影响的设备或系统出发，提高它们的抗谐波干扰能力；二是主动治理，从谐波源本身出发，使谐波源不产生谐波或降低谐波源产生的谐波；三是被动治理，外加滤波器，阻碍谐波源产生的谐波注入电网，或者阻碍电力系统的谐波流入负载端。

被动治理方法中采用无源滤波器虽然成本低廉、结构简单，但是滤波效果受电网阻抗和自身参数变化影响较大，且易与电网阻抗发生谐振；而有源滤波器则克服了上述不足，实现动态治理，具备多种补偿功能，可以对无功功率和负序进行补偿等，虽然有源滤波器有很好的滤波性能，但是造价较高，特别是在变电站或大型企业这样的高压大功率场合，难以得到应用。因此当今谐波治理的趋势是发展有源电力滤波器（APF）与无源滤波器（PF）的混合型APF，既可克服APF容量要求大、成本高的缺点，又可弥补PF的不足，同时还可以提供较大容量的无功功率，使整个滤波系统获得良好的性能。

　　APF 的主体是有源逆变器，其类型可以分为电压型和电流型两种。电压型 APF 的直流侧储能元件为大电容，其损耗小、效率高，价格低廉，而且可以采用多电压源逆变器连接的结构，适合于构成大容量 APF。电流型 APF 的直流侧储能元件为大电感，存在直流端短路的危险，可靠性高、动态性能好，但大电感体积大，价格昂贵，直流侧总是有电流流过，耗能较大。就目前电力电子元器件和电力电子技术的现状来说，直流侧储能元件用大电容比用大电感更具现实意义。APF 技术发展到今天，出现了多种拓扑结构。APF 根据其与系统连接的电路拓扑可具体分为单独（串并联）型 APF、混合型 APF（有源滤波器和无源滤波器的结合）和多变流器混合型 APF。

（一）单独（串并联）型 APF

　　单独串联型 APF 通过变压器串联于输电线路中，是一种基本的 APF 型式。单独串联型 APF 的滤波器原理是跟踪谐波源电压中的谐波分量，产生与之相反的谐波电压，而隔离谐波源产生的谐波电压。有源滤波装置容量小，运行效率高，电压型谐波源有较好的补偿特性。因此单独串联型 APF 一方面用于改善系统的供电电压，为负载提供基波正弦供电电压，特别适用于对电压很敏感的负载；另一方面用于治理电压型谐波负载，带电容滤波的整流器，避免负载产生的谐波电压影响电网电压波形。但是单独串联型 APF 存在绝缘强度高、难以适应线路故障条件，以及不能进行无功功率动态补偿等缺点，负载的基波电流全都流过连接用的变压器，对变压器的容量要求非常苛刻，工程实用性受到限制。负载谐波含量较大时单独串联型 APF 装置容量也将很大，初期投资也很大。

　　单独并联型 APF 是最早期的有源滤波装置，是 Akagi 于 1986 年提出的，是现在实际工业应用最多的一种 APF。这种装置相当于一个谐波电流发生器，其原理是跟踪谐波源电流中的谐波分量，产生与之相位相反的谐波电流，从而抵消谐波源产生的谐波电流。通过不同的控制作用，可以对谐波、无功、不平衡分量等进行补偿，因此功能很多，接地方便。还可以将几个有源滤波器并联起来使用，补偿大容量的谐波电流。由此可见，并联型有源滤波器的应用范围比较广泛。但是，电源电压直接加在逆变器上，开关器件电压等级要求高；负载谐波电流含量高时，这种有源滤波装置的容量也必须很大，投资也大。因为兼具大的补偿容量和宽的补偿频带比较困难，所以它只适用于电流型谐波源的谐波治理。

（二）混合型 APF

　　单独使用的并联型 APF 或串联型 APF 由于具有有源装置容量相对较大，开关器件的等级较高，存在初期投资大、运行效率低的缺点，且两者对不同类型谐波源的补偿特性不同，各有千秋。因此，研究 APF 多功能化的同时，人们也致力于使有源装置容量降低的混合补偿方案的研究。根据与 APF 混合的对象不同，混合型有源滤波器（Hybrid Active Power Filter，HAPF）可分为两类：一类是与 PF 的混合，优点是降低成本，充分发挥 APF 和 PF 的优势，一般把 APF 和 PF 所组成的整个系统称为电力线路功率调节器（Active Power Line Condition-er，APLC）；另一类是与其他变流器的混合，完善 HAPF 的功能。

一般，其中一个主要负责补偿无功，另一个主要负责治理谐波。混合型 APF 的形式多种多样，有并联 APF + PF、串联 APF + PF、PF 与 PF 串联后再并联接入电网等。

（三）多变流器混合型 APF

随着各种全控型功率开关器件的电压和电流额定值不断提高，成本不断降低，研究者从双逆变器或多逆变器的方向提出了各种 APF 的拓扑结构，以满足工业应用的要求。1994 年，Akagi 等提出一种将串联型 APF 和并联型 APF 进行混合的方式，称为统一电能质量调节器（Unified Power Quality Conditioner，UPQC）。从理论上讲，这种混合方式可以抑制电压闪变、电压波动、不对称和谐波，但是由于采用了双逆变器，存在控制复杂和成本高的缺点。此外，这种混合方式还有许多双逆变器的拓扑结构，由低频逆变器和高频逆变器并联构成 APF 的结构等，存在控制复杂和初期投资大的缺点，工业实用性还有待深入研究。

参考文献

[1]贺虎成，房绪鹏，张玉峰.电力电子技术[M].2版.徐州：中国矿业大学出版社，2021.

[2]郭医军，于红花.新能源汽车电力电子技术[M].北京：北京理工大学出版社，2021.

[3]王玉斌.先进电力电子技术 原理、设计与工程实践——基于固纬PTS系列电力电子实训系统[M].济南：山东大学出版社，2021.

[4]陈荣.电力电子技术[M].北京：机械工业出版社，2021.

[5]浣喜明.电力电子技术[M].3版.北京：高等教育出版社，2021.

[6]王云亮.电力电子技术[M].5版.北京：电子工业出版社，2021.

[7]李维波.电力电子装置建模分析与示例设计[M].北京：机械工业出版社，2021.

[8]赵振宁.汽车电力电子技术应用基础[M].北京：北京理工大学出版社，2021.

[9]苟春梅，杨意品.新能源汽车电力电子技术[M].上海：华东师范大学出版社，2021.

[10]汤代斌.电力电子系统仿真——基于PLECS[M].北京：电子工业出版社，2021.

[11]南余荣.电力电子技术[M].2版.北京：电子工业出版社，2021.

[12]崔校玉.电力电子技术在电气化铁路中的应用研究[M].北京：中国铁道出版社，2021.

[13]张静之，刘建华.电力电子技术[M].3版.北京：机械工业出版社，2021.

[14]邓永红，马红梅.电力电子与电气传动实验教学指导教程[M].徐州：中国矿业大学出版社，2021.

[15]高大威.电动汽车电力电子技术[M].北京：科学出版社，2021.

[16]逢海萍.电力电子技术综合实践指导[M].西安：西安电子科学技术大学出版社，2021.

[17]刘燕，杨浩东，鲁明丽.电力电子技术[M].北京：机械工业出版社，2020.

[18]洪伟明.电力电子与变频技术应用[M].北京：北京理工大学出版社，2020.

[19]谭兴国，杜少通.电力电子电路分析与PSIM仿真实践[M].北京：应急管理出版社，2020.

[20]秦海鸿，荀倩，张英.氮化镓电力电子器件原理与应用[M].北京：北京航空航天大学出版社，2020.

[21]潘启勇.电力电子电路故障诊断与预测技术研究[M].长春：吉林大学出版社，2020.

[22]王贵峰，朱呈祥.电力电子与电气传动[M].西安：西安电子科学技术大学出版社，2020.

[23]张波，丘东元.电力电子学基础[M].北京：机械工业出版社，2020.

[24]张万成.电力电子技术基础[M].北京交通大学出版社，2019.

[25]龚素文，李图平.电力电子技术[M].北京：北京理工大学出版社，2019.

[26]王九龙，高亮.电力电子技术实训教程[M].哈尔滨：哈尔滨工程大学出版社，2019.

[27]马骏杰，王旭东.电力电子技术在汽车中的应用[M].北京：机械工业出版社，2019.

[28]金楠.电力电子并网转换系统模型预测控制[M].北京：北京航空航天大学出版社，2019.

[29]王云亮.电力电子技术[M].4版.北京：电子工业出版社，2019.

[30]贺益康，潘再平.电力电子技术[M].3版.北京：科学出版社，2019.

[31]付晓刚.电力电子技术及应用[M].北京：中国电力出版社，2019.